手动加工零件制作
（项目式工作活页）

Manual Machining and Production of Parts

▶ 主　编　王旭晖

▶ 副主编　唐迎春　赵　猛

▶ 参　编　王艺诺　盖　鑫

華中科技大學出版社

http://press.hust.edu.cn

中国·武汉

图书在版编目(CIP)数据

手动加工零件制作/王旭晖主编. —武汉：华中科技大学出版社，2023.6
ISBN 978-7-5680-9700-0

Ⅰ.①手… Ⅱ.①王… Ⅲ.①机械元件-加工 Ⅳ.①TH13

中国国家版本馆 CIP 数据核字(2023)第 110463 号

手动加工零件制作
Shoudong Jiagong Lingjian Zhizuo

王旭晖 主编

策划编辑：袁 冲
责任编辑：史永霞
封面设计：孢 子
责任监印：朱 玢
出版发行：华中科技大学出版社(中国·武汉) 电话：(027)81321913
武汉市东湖新技术开发区华工科技园 邮编：430223
录 排：武汉创易图文工作室
印 刷：湖北新华印务有限公司
开 本：787mm×1092mm 1/16
印 张：8.25
字 数：227 千字
版 次：2023 年 6 月第 1 版第 1 次印刷
定 价：39.00 元

华中出版

本书若有印装质量问题，请向出版社营销中心调换
全国免费服务热线：400-6679-118 竭诚为您服务

目录 MULU

引言

一、项目概况

本教材是以项目化的工作任务为设计思路，采用工作页式、活页式的使用形式，校企（德科斯米尔（沈阳）汽车配件有限公司）共同合作开发的一本项目化活页教材。本教材能提高学员对材料的手动加工与处理能力；训练学员划线、锉削、锯削、钻削、磨削、折弯、攻丝、焊接、测量等技能，让学员在工作过程中养成良好的6S职业素养。

本教材的项目取自企业的实际生产过程，整体是一架简易直升机。该产品总共有16个零件，本教材选取了其中典型的、具有代表性的10个零件作为项目载体，并且这10个零件的材料涵盖了多种材料类型，有钢料、合金铝、铜、塑料等，有利于训练学员对于不同材料的手动加工与处理能力。

本教材整体设计了11个项目工作任务，并且这11个项目不是独立的，它们之间是相互关联的，具有一定的装配关系。项目一到项目十分别加工选取的直升机的10个零件，项目十一是把加工的这10个零件和给定的其余6个成品零件按照装配图纸装配成直升机，实现直升机的基本功能要求。

二、教学目标

（一）行动能力的定义

行动能力是指一个人在适当情况下，以独立自主、负责任和适当的方式解决问题和完成任务的能力。

（二）行动能力的构成

完整的行动能力包含四个部分：专业能力、方法能力、社会能力、个人能力。

1. 专业能力

我能以口头和书面的方式表达我的专业知识。

我能通过数学演算出工作任务中的专业问题。

我拥有和培训水平相同级别的知识。

我能独立自主地运用已学到的技能。

我能在解决新问题中运用已学到的知识。

2. 方法能力

我能通过数学演算出工作任务中的专业问题。

我拥有和培训水平相同级别的知识。
我能独立自主地运用已学到的技能。
我能在解决新问题中运用已学到的知识。
我能选择适当的工作步骤，做计划并实施。
我能使用所学到的技术去解决问题。
我能获得、选取并组织所需要的信息。
我能用适当的媒体、媒介或载体呈现结果。

3. 社会能力

我能清楚地表达自己。
我能在对话和交谈中占据主动。
我能和别人一起完成具有建设性的合作。
我能容忍别人的意见和看法。
我能虚心接受别人的意见和看法。
我能考虑他人的想法。

4. 个人能力

我能干净利落并准确地完成我的工作。
我能负责任地遵守规则。
我不会打扰他人，影响他人的任务。
我能做出自己的决定。
我认真负责，孜孜不倦地对待我的培训。

三、实施过程

1. 完整行动模型

专业能力必然与技术的进步紧密相连。如今，随着社会的进步，此种“能力”之中又新加入了以下要素：

- 独立行动的能力；
- 按计划行动的能力；
- 注重质量；
- 社会能力。

有了这些进一步衡量素质的指标，我们也就建立了“将目光超越个人成绩”的基础。毫无疑问，我们应当采取合适的措施，以更好地面对这些未来的要求。

本教材可以帮助学员在学习过程中适应当今工作环境所提出的要求，这样，以行动能力为导向的学习和活动就可以与完整的行动模型结合起来。

确切地讲，这样做的意义在于，让学员从步入职场到退出职场，即在整个职业生涯中，在各种岗位上对工作任务的预先处理和预后处理过程中，都能够圆满地完成工作任务。根本而言，这一行动集合包含如下分支范畴：

- 信息；

· 计划；
· 决策；
· 实施；
· 检查；
· 评价。

2. 信息

学员应当从根本上获取关于工作任务及其相关背景的资讯。因此，项目工作页中应当有完整的技术笔记，并附补充性的解释说明。这些材料都应按照要求撰写，并附相应的任务列表。为使课程更好地开展，在重要岗位上还将会适当地引入相关问题。这些问题将由相关人员自行处理。

3. 计划

在上述要求下圆满完成信息这一阶段以后，学员将依据所有必要事宜循序展开任务计划。

在这个过程中，还需要顾及以下几个方面：

· 生产流程以及一切预先、预后处理工作；
· 企业经济方面；
· 生态方面；
· 安全技术方面。

针对这一任务内容，应当撰写书面的计划材料以及生产安装进度。

此外，还需做出与以下内容相关的选择：

· 需要使用的材料；
· 工具；
· 辅助及测试手段；
· 工艺规范。

4. 决策

对材料的使用、对工具的选择、需要运用的能力等，都说明需求的多样性影响着完整行动的方式。

学员确定了计划之后，应当就所掌握内容与培训师进行讨论。此时学员当然可以提出相关问题并要求解答，培训师所给出的解释也是很重要的。

最终将由学员和培训师共同做出加工方式（工作计划）的决策。重新考量已经设想好的工作计划在某些情况下也是必要的。只有这样，经验寻求者（学员）与经验拥有者（培训师）之间的联系才能得到保障。

5. 实施

所需产品将通过行动进行系统化的生产。之所以说系统化，是因为行动本身是与工作计划对应并转化为实践的。在小组中，分工是富有意义的，在最开始便应当加以考虑。

6. 检查

产品生产(工作任务及子任务)完成之后,产品应由学员根据制订的标准进行检测。

提示:在处理项目的过程之中引入质量检查环节,是极有意义的。质量检查的结果应填入对应的表格,同时形成档案文件。此文件还应加入项目工作页中。在检查和评分表中,相应的标准已经事先给出,从而实现了对产品评价的客观性以及产品之间比较的可能性,这样的文件也就有意义了。

同时,自我测评和外部测评都有其优势。通过这样的行为方式,错误可以得到减少和控制,质量检查也会更具有客观性。

在严格的流程下,学员、培训师以及事先指定的、独立的可信任人员便可以完成对成品的质量检查工作。

7. 评价

评价反馈在很大程度上是一种反思。也就是说,所有受产品制约和影响的因素,都应该在学习小组中再次商讨,并同时将特殊情况纳入考虑范围。在这个过程中,检查和评分表也就有了重要的意义。

在再次审视产品的过程中,学员应对所获得的所有经验进行反思,并在适当的情况下运用,从而最大限度地避免重复犯错。

评价反馈的情况应当记录在专门为之撰写的文件(项目材料)中。“质量保证”这一概念指的是企业内部的一般程序,该程序确保产品达到了预定的质量水平,并能够保持下去。

质量保证的要求是,由质量管理人员(例如工作小组)所制订的措施可以得到保持。

显然,这一环节能够取得多大的效果,取决于其真正付诸实践的可能性有多大,并与企业内部的种种状况直接相关。

四、评价方式

(一)评价目的

培养学员的质量意识,提高操作熟练度;让学员在工作中运用多种方法策略进行任务实施,体会提高工作效率的方式方法;让学员在不断探索和不断评价的轮回中,培养自己终身学习的意识。评价分为过程评价和结果评价。

(二)过程评价

培训师根据学员的操作过程给出相应的评估分数,主要针对操作的规范、技巧、安全要求及分析故障和排除故障的能力。

(三)结果评价

结果评价分为自评与培训师评价。自评是学员对自己的评价,要客观,要有自我检查的习惯,要有质量意识。培训师评价是验证学员是否做到公正准确。

(四)评价标准释义

在检查和评分表中,有尺寸、外观及功能检查等衡量指标。针对尺寸检查,需要测量尺寸数据,并与计算出的尺寸进行比较。外观和功能检查与尺寸数据无关,只纯粹地考量产品的外观和触感。检查和评分表的填写始终都不应受学员和培训师的主观影响。

应比较学员填写的表格和培训师填写的表格,对于结果中存在的差异,应该在与学员进行的专业谈话中讨论。表格中的分数应根据如下标准给出:

- 10 分或者 0 分;
- 10 分、9 分、7 分、5 分、3 分、0 分。

针对不同分数等级,现解释如下:

1. 客观测评结果

10 分:尺寸及质量在事先规定的公差范围之内。

0 分:尺寸及质量超出了规定的公差范围,或没有得出测评结果。

2. 主观测评结果

10 分:成品没有瑕疵。

9 分:成品有极少量瑕疵。

7 分:成品有少量瑕疵。

5 分:成品瑕疵从专业角度而言尚在合理范围之内。

3 分:成品有大量瑕疵,只有进一步投入时间或材料才能使用。

0 分:成品瑕疵从专业角度而言不可接受,或没有得出测评结果。

项目一

制作直升机旋翼

1. 工作任务

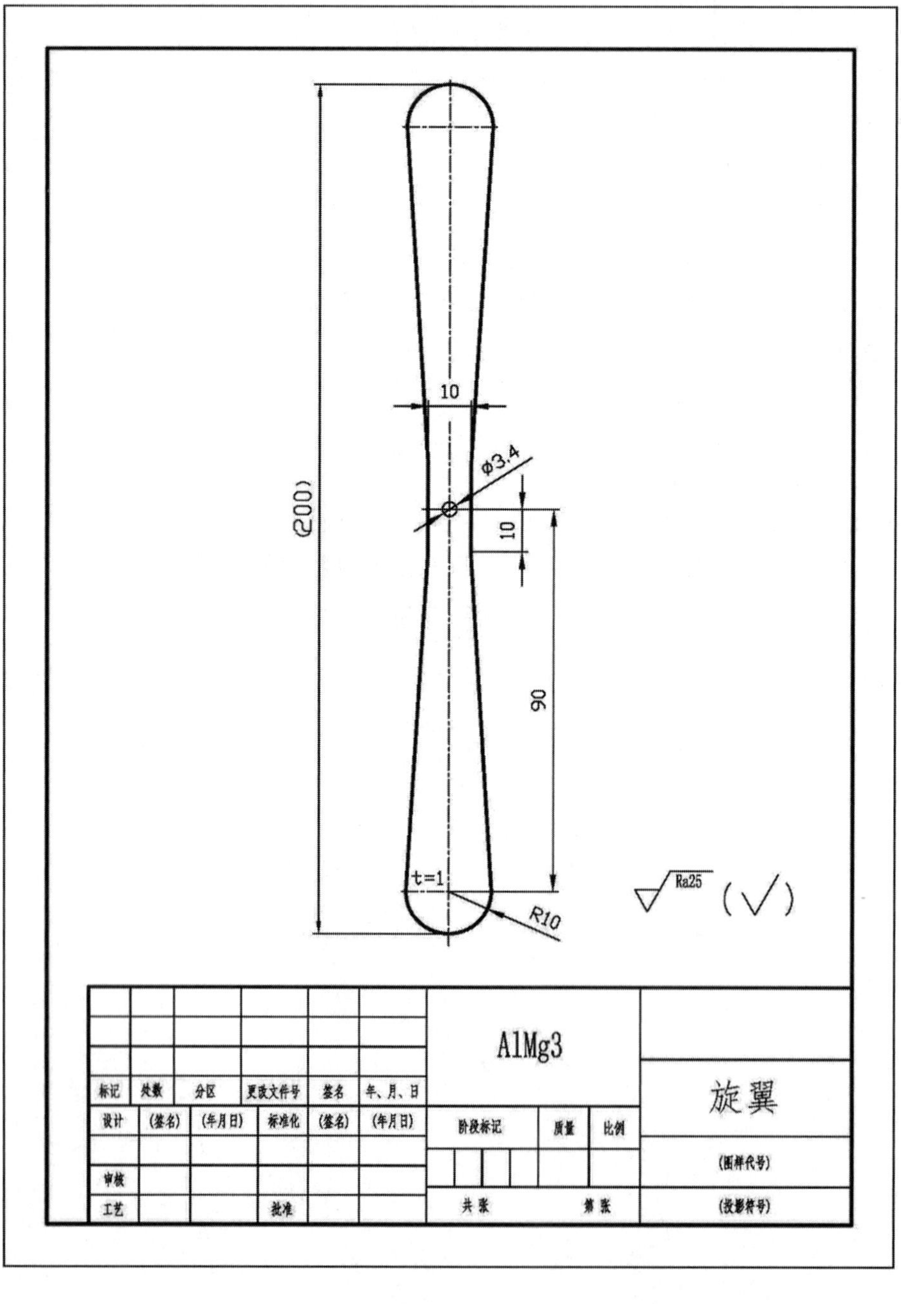

2. 工作描述

该工作任务的具体描述如下：

(1)加强工作过程规范与安全，保证安全生产。

(2)通过信息查询等手段，完成引导问题。

(3)根据工作任务，制订工作计划，完成零件加工工艺卡的编制工作。

(4)根据工作任务的图纸要求和制订的工作计划，应用手动加工工具，完成直升机旋翼的零件加工。

(5)通过零件的加工，将加工过程中遇到的问题和困难记录到实施过程中问题清单。

(6)根据零件图纸的尺寸等加工要求，按照检查表里的具体内容，完成工件检查表。

(7)根据自己的实际加工过程，将加工过程的一些想法和感受进行总结归纳，完成总结归纳与思考的相关问题。

(8)根据加工完成的零件以及加工过程，对该项目进行评价，完成项目评价表。

(9)6S 职业素养养成。

(10)分享项目工作过程。

3. 引导问题

(1)钳工的基本操作内容有哪些？

(2)什么是划线？

(3)划线的作用是什么?

(4)在进行划线前,应该完成哪些工作步骤?

(5)“去毛刺”指的是什么?

(6)用游标卡尺可以进行哪些测量?

4. 工作计划

加工工艺卡							
项目名称		姓名		班级		日期	
序号	工序内容	准备清单 （工具或辅助装备）		工作安全和环境	计划的工作时间	实际的工作时间	

5. 工作过程问题清单

实施过程中问题清单			
项目名称		日期	
姓名		班级	
序号	工序内容	困难与问题	方法与思考

6. 工件检查

检查表

项目名称		日期	
姓名		班级	

序号	被检尺寸	检测值			量具	结论
		自检	互检 1	互检 2		

7. 总结归纳与思考

(1)简述您在实施本项目时的工作方法。

(2)在加工本项目零件时,您需要和获得哪些新知识?

(3)在下次加工类似零件时,您应该做哪些改进?

(4)如果您的同学要重复您所做的工作,您应该告诉他哪些信息?

8. 项目评价

项目评价表			
项目名称		日期	
姓名		班级	

序号	工作内容	评价标准	评价值
1	工作整体完成度	0—9—15—21—27—30 分	
2	去毛刺情况	0—3—5—7—9—10 分	
3	表面质量	0—3—5—7—9—10 分	
4	6S	0—6—10—14—18—20 分	
5	尺寸检查	0/30 分(参考检查表)	
总分			

项目二

制作直升机固定板条

1. 工作任务

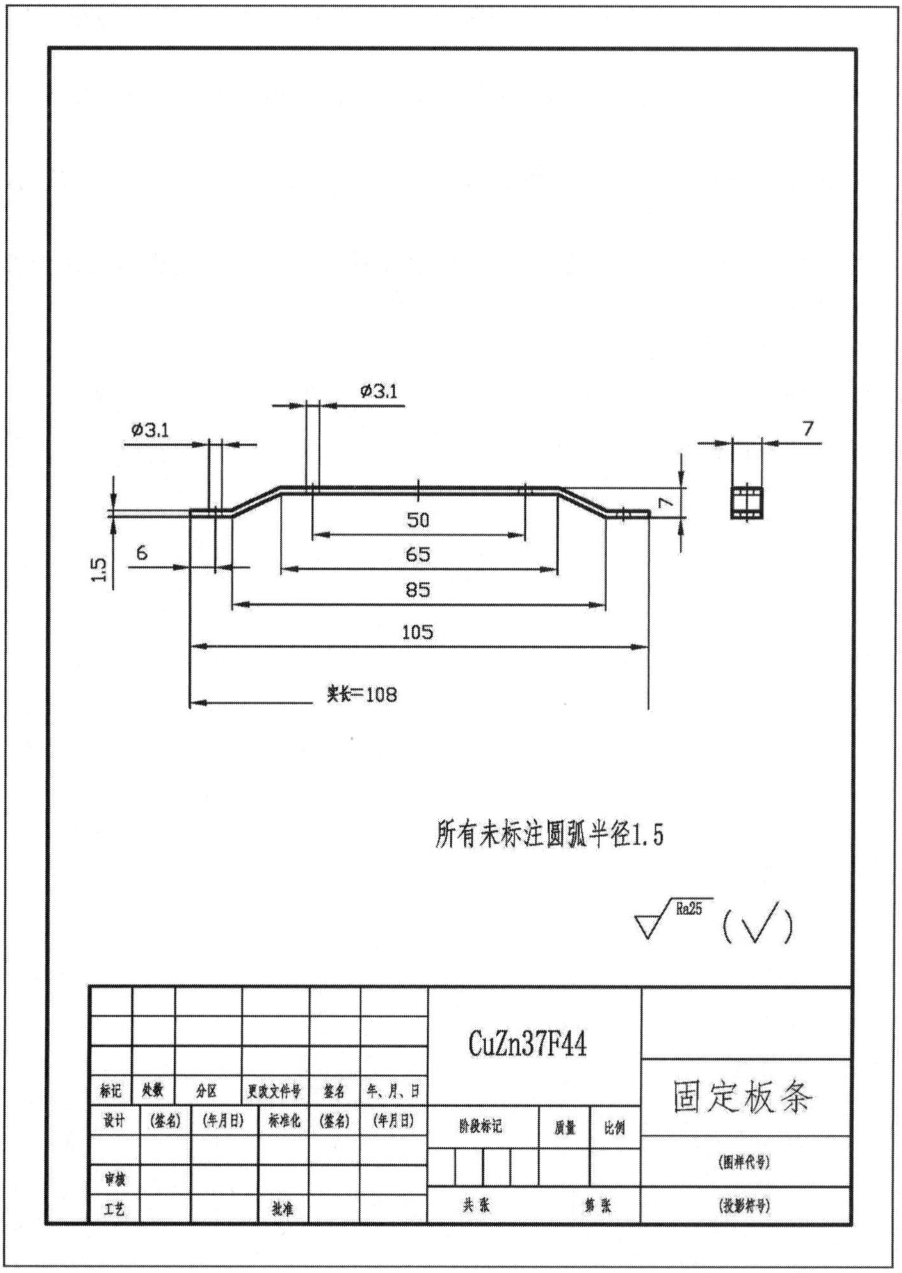

2. 工作描述

该工作任务的具体描述如下：

(1)加强工作过程规范与安全,保证安全生产。

(2)通过信息查询等手段,完成引导问题。

(3)根据工作任务,制订工作计划,完成零件加工工艺卡的编制工作。

(4)根据工作任务的图纸要求和制订的工作计划,应用手动加工工具,完成直升机固定板条的零件加工。

(5)通过零件的加工,将加工过程中遇到的问题和困难记录到实施过程中问题清单。

(6)根据零件图纸的尺寸等加工要求,按照检查表里的具体内容,完成工件检查表。

(7)根据自己的实际加工过程,将加工过程的一些想法和感受进行总结归纳,完成总结归纳与思考的相关问题。

(8)根据加工完成的零件以及加工过程,对该项目进行评价,完成项目评价表。

(9)6S 职业素养养成。

(10)分享项目工作过程。

3. 引导问题

(1)划线的原则有哪些?

(2)什么是基准?

(3)划线基准一般有哪些基本类型?

(4)“基准面”指的是什么?

(5)为什么要在工件上冲眼?

(6)钻孔属于哪种加工?

4. 工作计划

加工工艺卡								
项目名称			姓名		班级		日期	
序号	工序内容		准备清单（工具或辅助装备）		工作安全和环境		计划的工作时间	实际的工作时间

5. 工作过程问题清单

实施过程中问题清单			
项目名称		日期	
姓名		班级	
序号	工序内容	困难与问题	方法与思考

6. 工件检查

检查表

项目名称		日期	
姓名		班级	

序号	被检尺寸	检测值			量具	结论
		自检	互检 1	互检 2		

7. 总结归纳与思考

(1)简述您在实施本项目时的工作方法。

(2)在加工本项目零件时,您需要和获得哪些新知识?

(3)在下次加工类似零件时,您应该做哪些改进?

(4)如果您的同学要重复您所做的工作,您应该告诉他哪些信息?

8. 项目评价

项目评价表			
项目名称		日期	
姓名		班级	

序号	工作内容	评价标准	评价值
1	工作整体完成度	0—9—15—21—27—30 分	
2	去毛刺情况	0—3—5—7—9—10 分	
3	表面质量	0—3—5—7—9—10 分	
4	6S	0—6—10—14—18—20 分	
5	尺寸检查	0/30 分(参考检查表)	
总分			

项目三

制作直升机驾驶杆

1. 工作任务

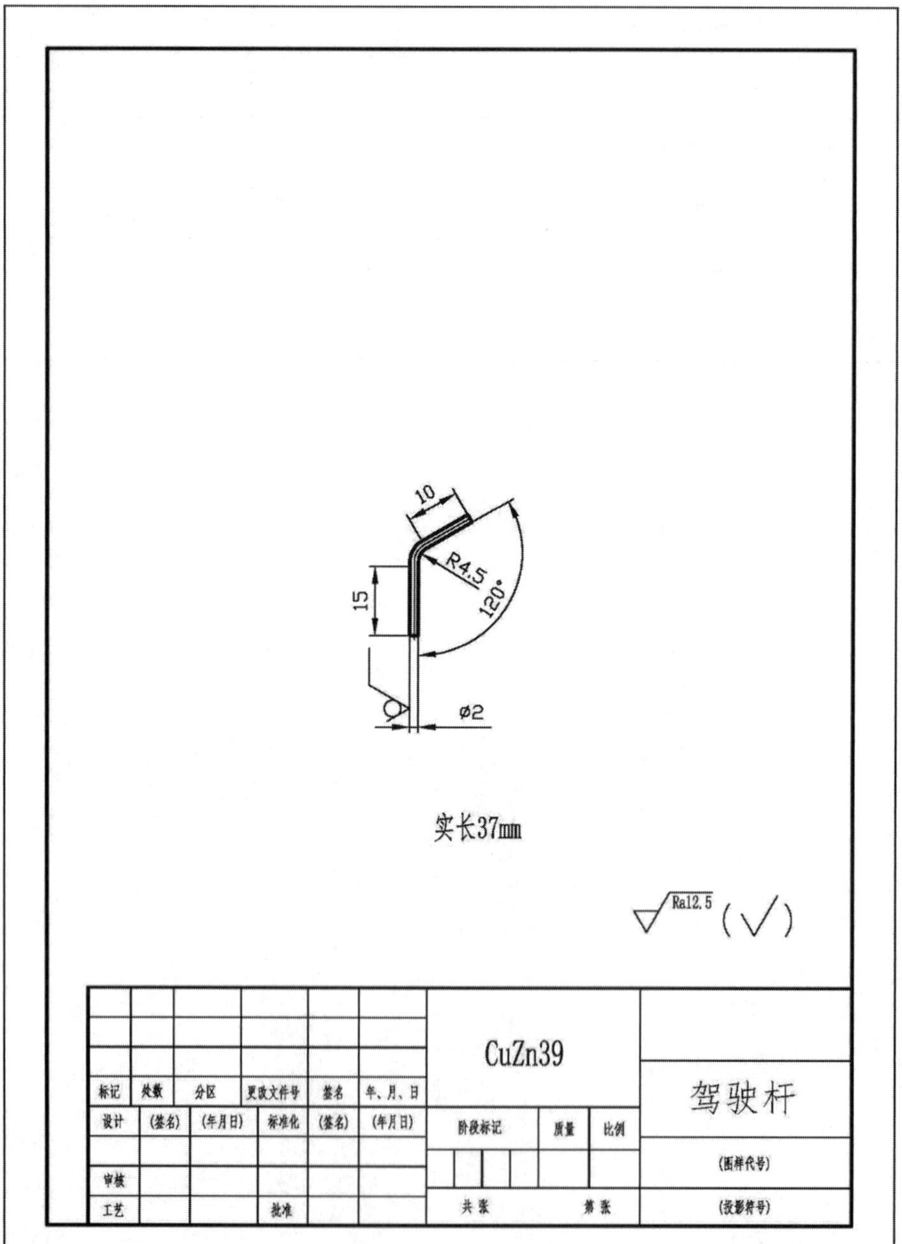

2. 工作描述

该工作任务的具体描述如下：

(1)加强工作过程规范与安全，保证安全生产。

(2)通过信息查询等手段，完成引导问题。

(3)根据工作任务，制订工作计划，完成零件加工工艺卡的编制工作。

(4)根据工作任务的图纸要求和制订的工作计划，应用手动加工工具，完成直升机驾驶杆的零件加工。

(5)通过零件的加工，将加工过程中遇到的问题和困难记录到实施过程中问题清单。

(6)根据零件图纸的尺寸等加工要求，按照检查表里的具体内容，完成工件检查表。

(7)根据自己的实际加工过程，将加工过程的一些想法和感受进行总结归纳，完成总结归纳与思考的相关问题。

(8)根据加工完成的零件以及加工过程，对该项目进行评价，完成项目评价表。

(9)6S 职业素养养成。

(10)分享项目工作过程。

3. 引导问题

(1)使用台虎钳时应该注意哪些操作规程？

(2)应该在图纸的哪个位置写上所使用的比例尺？

(3)6S 是指什么?

4. 工作计划

加工工艺卡

项目名称		姓名		班级		日期	
序号	工序内容	准备清单（工具或辅助装备）		工作安全和环境	计划的工作时间	实际的工作时间	

5. 工作过程问题清单

实施过程中问题清单			
项目名称		日期	
姓名		班级	
序号	工序内容	困难与问题	方法与思考

6. 工件检查

检查表

项目名称		日期	
姓名		班级	

序号	被检尺寸	检测值			量具	结论
		自检	互检 1	互检 2		

7. 总结归纳与思考

(1)简述您在实施本项目时的工作方法。

(2)在加工本项目零件时,您需要和获得哪些新知识?

(3)在下次加工类似零件时,您应该做哪些改进?

(4)如果您的同学要重复您所做的工作,您应该告诉他哪些信息?

8. 项目评价

<table>
<tr><td colspan="4">项目评价表</td></tr>
<tr><td>项目名称</td><td></td><td>日期</td><td></td></tr>
<tr><td>姓名</td><td></td><td>班级</td><td></td></tr>
<tr><td>序号</td><td>工作内容</td><td>评价标准</td><td>评价值</td></tr>
<tr><td>1</td><td>工作整体完成度</td><td>0—9—15—21—27—30 分</td><td></td></tr>
<tr><td>2</td><td>去毛刺情况</td><td>0—3—5—7—9—10 分</td><td></td></tr>
<tr><td>3</td><td>表面质量</td><td>0—3—5—7—9—10 分</td><td></td></tr>
<tr><td>4</td><td>6S</td><td>0—6—10—14—18—20 分</td><td></td></tr>
<tr><td>5</td><td>尺寸检查</td><td>0/30 分(参考检查表)</td><td></td></tr>
<tr><td colspan="3">总分</td><td></td></tr>
</table>

项目四

制作直升机固定板

1. 工作任务

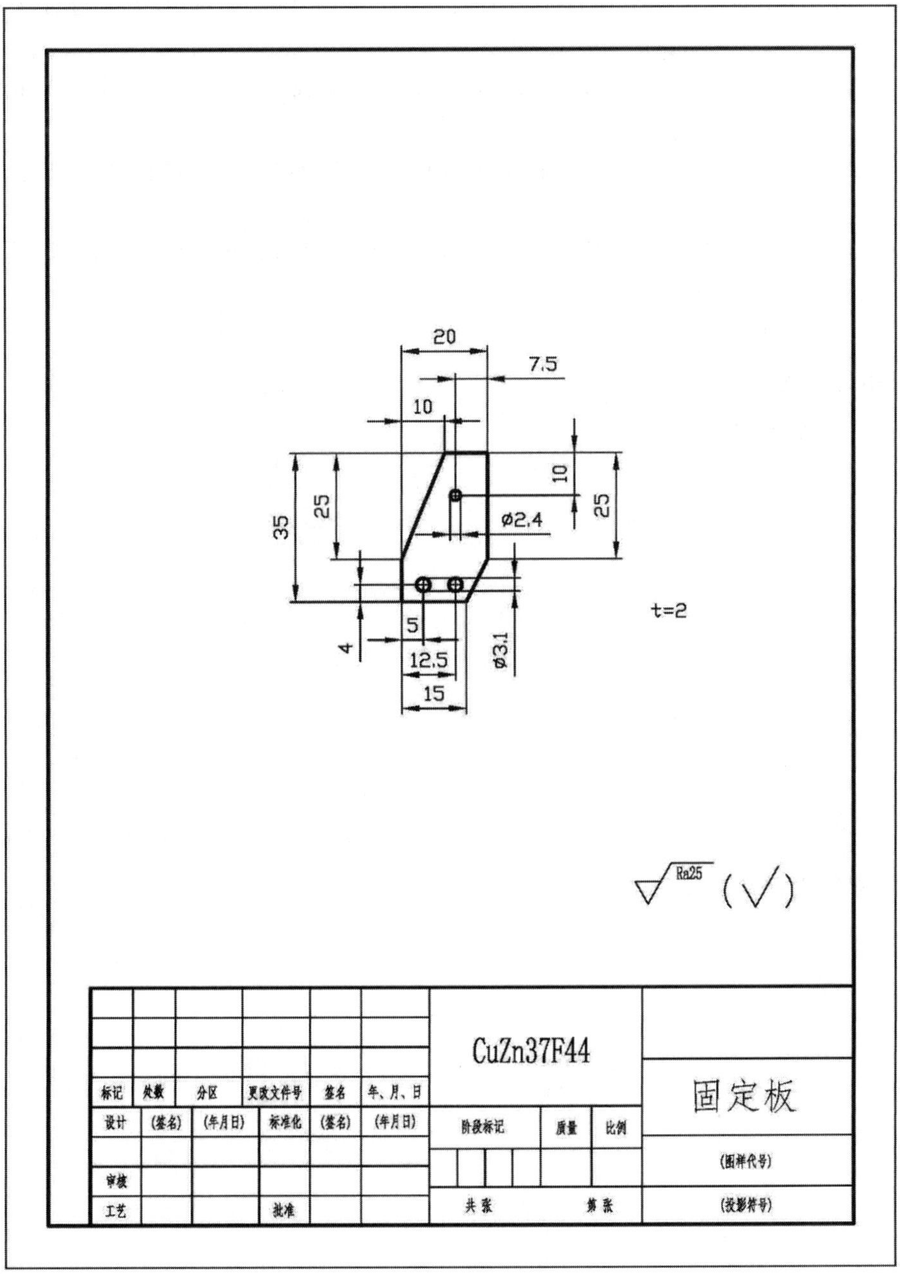

2. 工作描述

该工作任务的具体描述如下：

(1)加强工作过程规范与安全,保证安全生产。

(2)通过信息查询等手段,完成引导问题。

(3)根据工作任务,制订工作计划,完成零件加工工艺卡的编制工作。

(4)根据工作任务的图纸要求和制订的工作计划,应用手动加工工具,完成直升机固定板的零件加工。

(5)通过零件的加工,将加工过程中遇到的问题和困难记录到实施过程中问题清单。

(6)根据零件图纸的尺寸等加工要求,按照检查表里的具体内容,完成工件检查表。

(7)根据自己的实际加工过程,将加工过程的一些想法和感受进行总结归纳,完成总结归纳与思考的相关问题。

(8)根据加工完成的零件以及加工过程,对该项目进行评价,完成项目评价表。

(9)6S职业素养养成。

(10)分享项目工作过程。

3. 引导问题

(1)什么是锉削？

(2)锉削的姿势有哪些？

(3)如何正确运用锉削力和锉削速度?

(4)钻孔时如何防止工件摆动?

(5)转速取决于什么?

(6)切削速度的计算公式是什么?

4. 工作计划

<table>
<tr><td colspan="8">加工工艺卡</td></tr>
<tr><td colspan="2">项目名称</td><td></td><td>姓名</td><td></td><td>班级</td><td></td><td>日期</td></tr>
<tr><td>序号</td><td colspan="2">工序内容</td><td colspan="2">准备清单
（工具或辅助装备）</td><td>工作安全和环境</td><td>计划的工作时间</td><td>实际的工作时间</td></tr>
<tr><td></td><td colspan="2"></td><td colspan="2"></td><td></td><td></td><td></td></tr>
<tr><td></td><td colspan="2"></td><td colspan="2"></td><td></td><td></td><td></td></tr>
<tr><td></td><td colspan="2"></td><td colspan="2"></td><td></td><td></td><td></td></tr>
<tr><td></td><td colspan="2"></td><td colspan="2"></td><td></td><td></td><td></td></tr>
<tr><td></td><td colspan="2"></td><td colspan="2"></td><td></td><td></td><td></td></tr>
<tr><td></td><td colspan="2"></td><td colspan="2"></td><td></td><td></td><td></td></tr>
<tr><td></td><td colspan="2"></td><td colspan="2"></td><td></td><td></td><td></td></tr>
<tr><td></td><td colspan="2"></td><td colspan="2"></td><td></td><td></td><td></td></tr>
<tr><td></td><td colspan="2"></td><td colspan="2"></td><td></td><td></td><td></td></tr>
<tr><td></td><td colspan="2"></td><td colspan="2"></td><td></td><td></td><td></td></tr>
<tr><td></td><td colspan="2"></td><td colspan="2"></td><td></td><td></td><td></td></tr>
<tr><td></td><td colspan="2"></td><td colspan="2"></td><td></td><td></td><td></td></tr>
<tr><td></td><td colspan="2"></td><td colspan="2"></td><td></td><td></td><td></td></tr>
<tr><td></td><td colspan="2"></td><td colspan="2"></td><td></td><td></td><td></td></tr>
</table>

5. 工作过程问题清单

实施过程中问题清单			
项目名称		日期	
姓名		班级	
序号	工序内容	困难与问题	方法与思考

6. 工件检查

检查表

项目名称		日期	
姓名		班级	

序号	被检尺寸	检测值			量具	结论
		自检	互检 1	互检 2		

7. 总结归纳与思考

(1)简述您在实施本项目时的工作方法。

(2)在加工本项目零件时,您需要和获得哪些新知识?

(3)在下次加工类似零件时,您应该做哪些改进?

(4)如果您的同学要重复您所做的工作,您应该告诉他哪些信息?

8. 项目评价

项目评价表			
项目名称		日期	
姓名		班级	

序号	工作内容	评价标准	评价值
1	工作整体完成度	0—9—15—21—27—30 分	
2	去毛刺情况	0—3—5—7—9—10 分	
3	表面质量	0—3—5—7—9—10 分	
4	6S	0—6—10—14—18—20 分	
5	尺寸检查	0/30 分(参考检查表)	
总分			

项目五

制作直升机挡风玻璃板

1. 工作任务

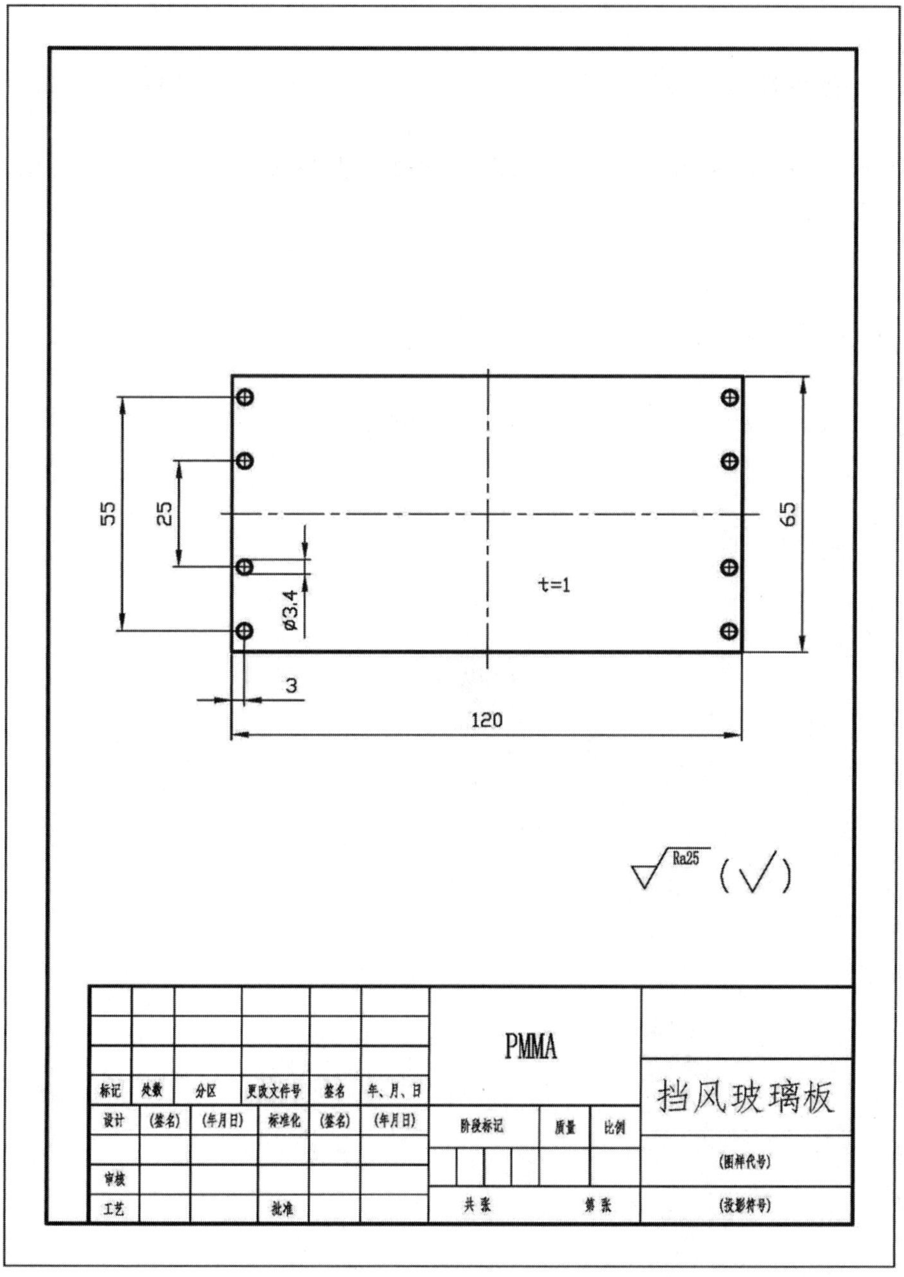

2. 工作描述

该工作任务的具体描述如下：

(1)加强工作过程规范与安全，保证安全生产。

(2)通过信息查询等手段，完成引导问题。

(3)根据工作任务，制订工作计划，完成零件加工工艺卡的编制工作。

(4)根据工作任务的图纸要求和制订的工作计划，应用手动加工工具，完成直升机挡风玻璃板的零件加工。

(5)通过零件的加工，将加工过程中遇到的问题和困难记录到实施过程中问题清单。

(6)根据零件图纸的尺寸等加工要求，按照检查表里的具体内容，完成工件检查表。

(7)根据自己的实际加工过程，将加工过程的一些想法和感受进行总结归纳，完成总结归纳与思考的相关问题。

(8)根据加工完成的零件以及加工过程，对该项目进行评价，完成项目评价表。

(9)6S职业素养养成。

(10)分享项目工作过程。

3. 引导问题

(1)钻头横刃的角度是多少？它是怎么工作的？

(2)钻头刃磨好后，检验的方法有哪些？

(3)如何对直柄钻头进行安装?

(4)钻孔时产生废品的原因有哪些?

(5)麻花钻的钻头由哪些部分组成?

(6)常用的钻床有哪些?

4. 工作计划

加工工艺卡

项目名称		姓名		班级		日期	

序号	工序内容	准备清单 （工具或辅助装备）	工作安全和环境	计划的工作时间	实际的工作时间

5. 工作过程问题清单

实施过程中问题清单			
项目名称		日期	
姓名		班级	
序号	工序内容	困难与问题	方法与思考

6. 工件检查

检查表

项目名称		日期	
姓名		班级	

序号	被检尺寸	检测值			量具	结论
		自检	互检 1	互检 2		

7. 总结归纳与思考

(1)简述您在实施本项目时的工作方法。

(2)在加工本项目零件时,您需要和获得哪些新知识?

(3)在下次加工类似零件时,您应该做哪些改进?

(4)如果您的同学要重复您所做的工作,您应该告诉他哪些信息?

8. 项目评价

项目评价表

项目名称		日期	
姓名		班级	

序号	工作内容	评价标准	评价值
1	工作整体完成度	0—9—15—21—27—30 分	
2	去毛刺情况	0—3—5—7—9—10 分	
3	表面质量	0—3—5—7—9—10 分	
4	6S	0—6—10—14—18—20 分	
5	尺寸检查	0/30 分(参考检查表)	
总分			

项目六

制作直升机左脚板

1. 工作任务

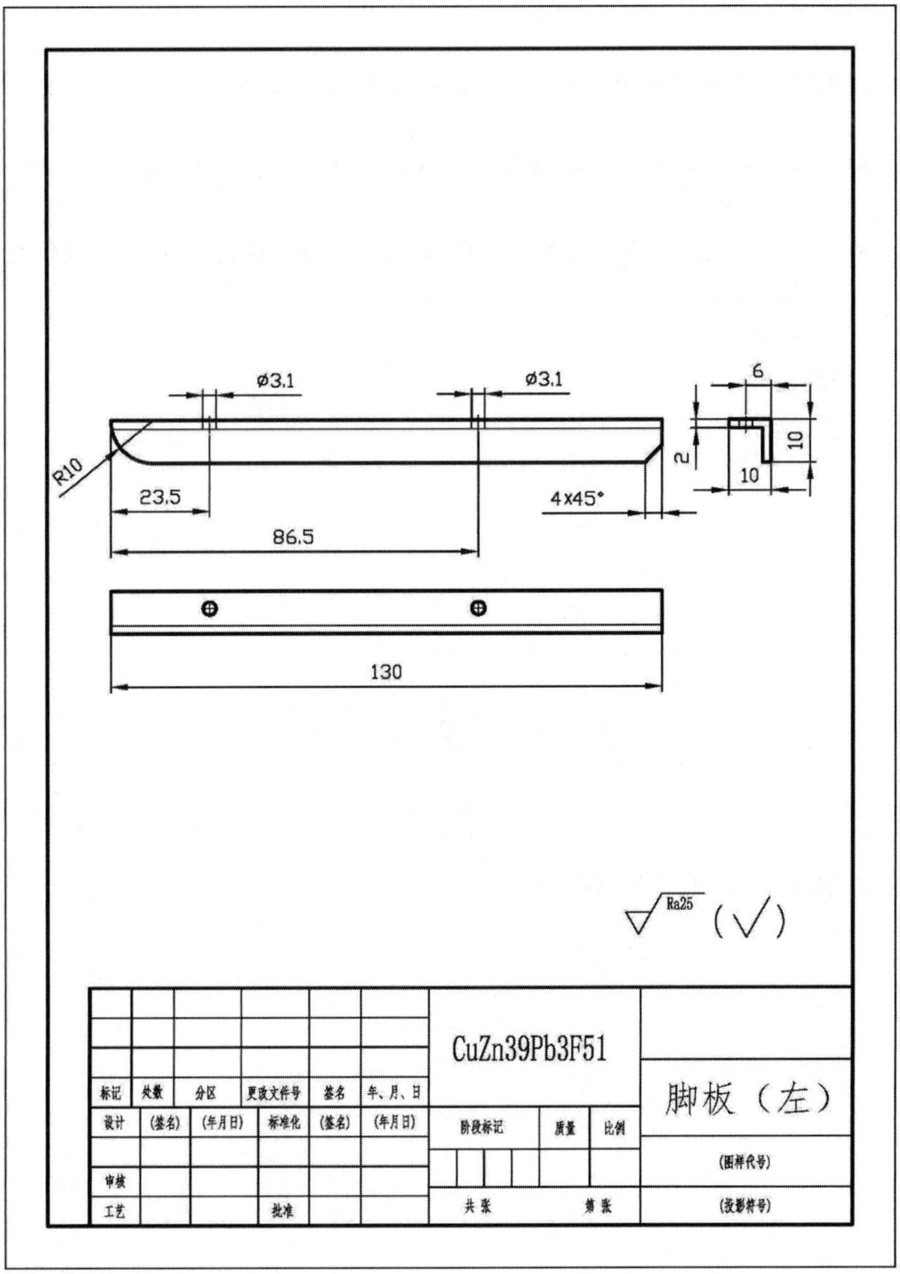

2. 工作描述

该工作任务的具体描述如下：

(1)加强工作过程规范与安全,保证安全生产。

(2)通过信息查询等手段,完成引导问题。

(3)根据工作任务,制订工作计划,完成零件加工工艺卡的编制工作。

(4)根据工作任务的图纸要求和制订的工作计划,应用手动加工工具,完成直升机脚板(左)的零件加工。

(5)通过零件的加工,将加工过程中遇到的问题和困难记录到实施过程中问题清单。

(6)根据零件图纸的尺寸等加工要求,按照检查表里的具体内容,完成工件检查表。

(7)根据自己的实际加工过程,将加工过程的一些想法和感受进行总结归纳,完成总结归纳与思考的相关问题。

(8)根据加工完成的零件以及加工过程,对该项目进行评价,完成项目评价表。

(9)6S职业素养养成。

(10)分享项目工作过程。

3. 引导问题

(1)什么是锯削?

(2)锯削的加工余量应该是多少?

(3)锯削的正确操作方法是什么？

4. 工作计划

加工工艺卡

项目名称		姓名		班级		日期	

序号	工序内容	准备清单（工具或辅助装备）	工作安全和环境	计划的工作时间	实际的工作时间

5. 工作过程问题清单

实施过程中问题清单			
项目名称		日期	
姓名		班级	
序号	工序内容	困难与问题	方法与思考

6. 工件检查

<table>
<tr><th colspan="7">检查表</th></tr>
<tr><td colspan="2">项目名称</td><td colspan="2"></td><td>日期</td><td colspan="2"></td></tr>
<tr><td colspan="2">姓名</td><td colspan="2"></td><td>班级</td><td colspan="2"></td></tr>
<tr><td rowspan="2">序号</td><td rowspan="2">被检尺寸</td><td colspan="3">检测值</td><td rowspan="2">量具</td><td rowspan="2">结论</td></tr>
<tr><td>自检</td><td>互检 1</td><td>互检 2</td></tr>
<tr><td></td><td></td><td></td><td></td><td></td><td></td><td></td></tr>
<tr><td></td><td></td><td></td><td></td><td></td><td></td><td></td></tr>
<tr><td></td><td></td><td></td><td></td><td></td><td></td><td></td></tr>
<tr><td></td><td></td><td></td><td></td><td></td><td></td><td></td></tr>
<tr><td></td><td></td><td></td><td></td><td></td><td></td><td></td></tr>
<tr><td></td><td></td><td></td><td></td><td></td><td></td><td></td></tr>
<tr><td></td><td></td><td></td><td></td><td></td><td></td><td></td></tr>
<tr><td></td><td></td><td></td><td></td><td></td><td></td><td></td></tr>
<tr><td></td><td></td><td></td><td></td><td></td><td></td><td></td></tr>
<tr><td></td><td></td><td></td><td></td><td></td><td></td><td></td></tr>
<tr><td></td><td></td><td></td><td></td><td></td><td></td><td></td></tr>
<tr><td></td><td></td><td></td><td></td><td></td><td></td><td></td></tr>
<tr><td></td><td></td><td></td><td></td><td></td><td></td><td></td></tr>
<tr><td></td><td></td><td></td><td></td><td></td><td></td><td></td></tr>
<tr><td></td><td></td><td></td><td></td><td></td><td></td><td></td></tr>
<tr><td></td><td></td><td></td><td></td><td></td><td></td><td></td></tr>
<tr><td></td><td></td><td></td><td></td><td></td><td></td><td></td></tr>
<tr><td></td><td></td><td></td><td></td><td></td><td></td><td></td></tr>
<tr><td></td><td></td><td></td><td></td><td></td><td></td><td></td></tr>
<tr><td></td><td></td><td></td><td></td><td></td><td></td><td></td></tr>
</table>

7. 总结归纳与思考

(1)简述您在实施本项目时的工作方法。

(2)在加工本项目零件时,您需要和获得哪些新知识?

(3)在下次加工类似零件时,您应该做哪些改进?

(4)如果您的同学要重复您所做的工作,您应该告诉他哪些信息?

8. 项目评价

项目评价表			
项目名称		日期	
姓名		班级	

序号	工作内容	评价标准	评价值
1	工作整体完成度	0—9—15—21—27—30 分	
2	去毛刺情况	0—3—5—7—9—10 分	
3	表面质量	0—3—5—7—9—10 分	
4	6S	0—6—10—14—18—20 分	
5	尺寸检查	0/30 分(参考检查表)	
总分			

项目七

制作直升机右脚板

1. 工作任务

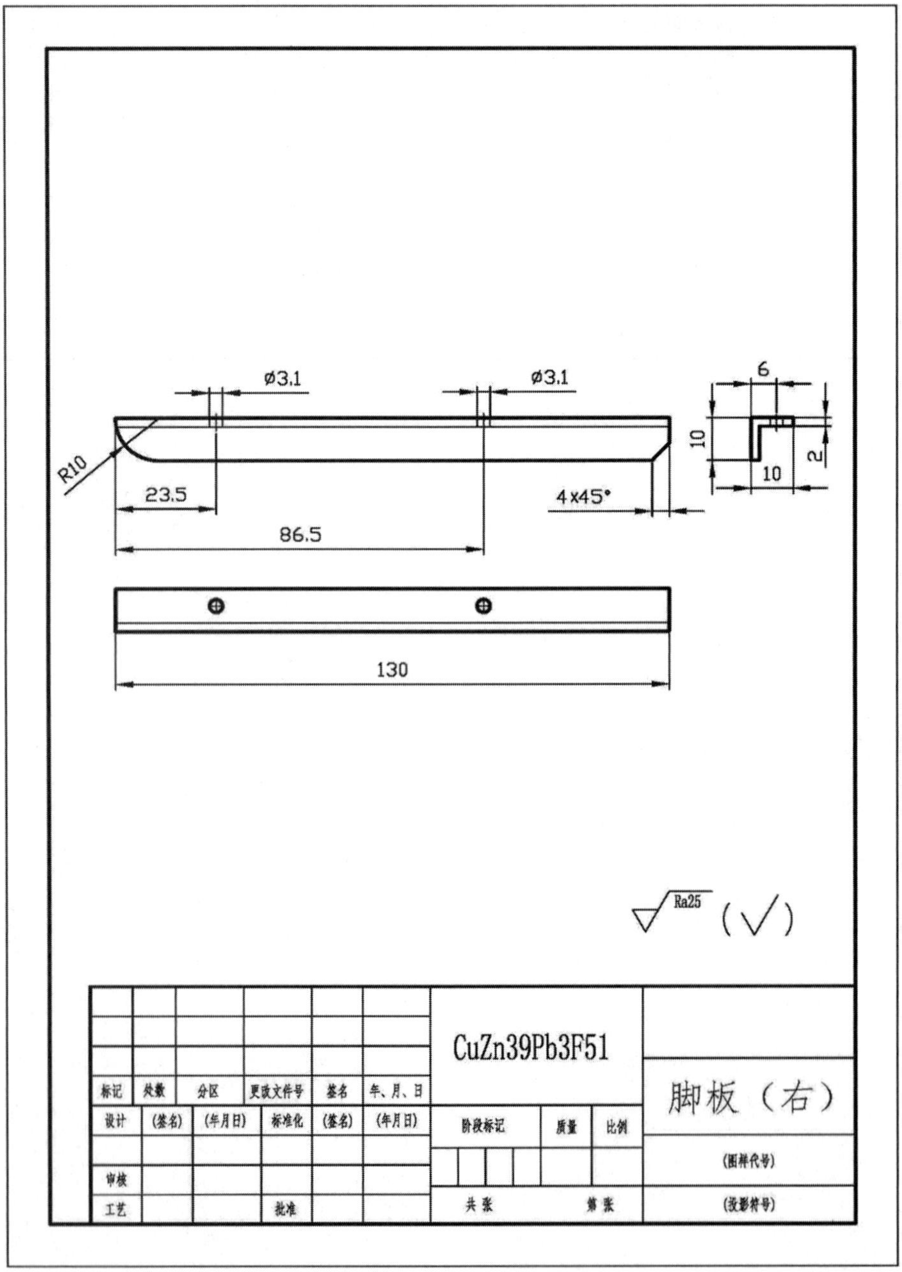

2. 工作描述

该工作任务的具体描述如下：

(1)加强工作过程规范与安全，保证安全生产。

(2)通过信息查询等手段，完成引导问题。

(3)根据工作任务，制订工作计划，完成零件加工工艺卡的编制工作。

(4)根据工作任务的图纸要求和制订的工作计划，应用手动加工工具，完成直升机脚板(右)的零件加工。

(5)通过零件的加工，将加工过程中遇到的问题和困难记录到实施过程中问题清单。

(6)根据零件图纸的尺寸等加工要求，按照检查表里的具体内容，完成工件检查表。

(7)根据自己的实际加工过程，将加工过程的一些想法和感受进行总结归纳，完成总结归纳与思考的相关问题。

(8)根据加工完成的零件以及加工过程，对该项目进行评价，完成项目评价表。

(9)6S 职业素养养成。

(10)分享项目工作过程。

3. 引导问题

(1)锯削时，应该怎么起锯？起锯的方式有哪些？

(2)曲面锉削的方法有哪些？

(3)曲面锉削的检验方法是什么?

4. 工作计划

加工工艺卡

项目名称		姓名		班级		日期	

序号	工序内容	准备清单 （工具或辅助装备）	工作安全和环境	计划的工作时间	实际的工作时间

5. 工作过程问题清单

实施过程中问题清单			
项目名称		日期	
姓名		班级	
序号	工序内容	困难与问题	方法与思考

6. 工件检查

检查表						
项目名称				日期		
姓名				班级		
序号	被检尺寸	检测值			量具	结论
		自检	互检 1	互检 2		

7. 总结归纳与思考

(1)简述您在实施本项目时的工作方法。

(2)在加工本项目零件时,您需要和获得哪些新知识?

(3)在下次加工类似零件时,您应该做哪些改进?

(4)如果您的同学要重复您所做的工作,您应该告诉他哪些信息?

8. 项目评价

项目评价表			
项目名称		日期	
姓名		班级	

序号	工作内容	评价标准	评价值
1	工作整体完成度	0—9—15—21—27—30分	
2	去毛刺情况	0—3—5—7—9—10分	
3	表面质量	0—3—5—7—9—10分	
4	6S	0—6—10—14—18—20分	
5	尺寸检查	0/30分(参考检查表)	
总分			

项目八

制作直升机座椅

1. 工作任务

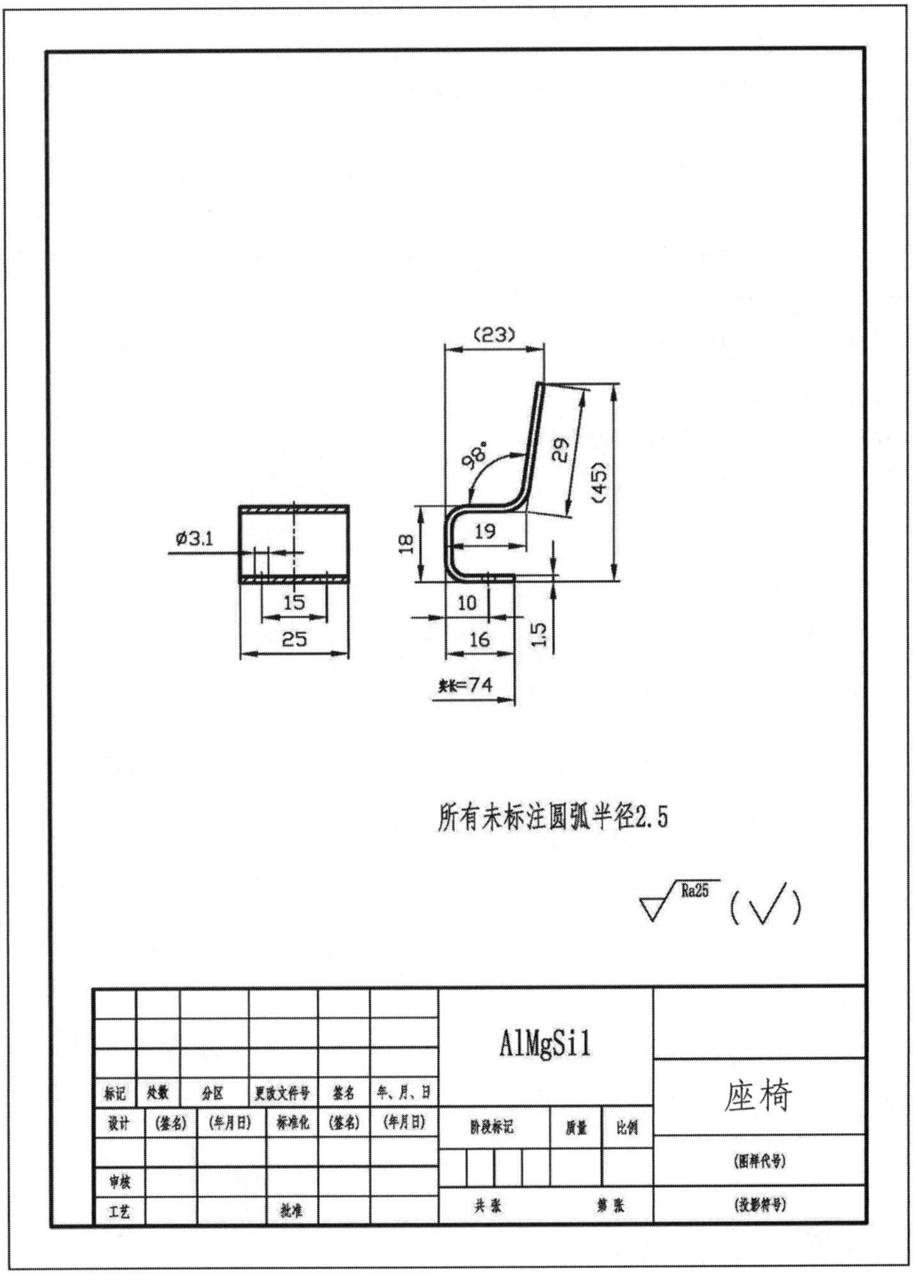

2. 工作描述

该工作任务的具体描述如下：

(1)加强工作过程规范与安全,保证安全生产。

(2)通过信息查询等手段,完成引导问题。

(3)根据工作任务,制订工作计划,完成零件加工工艺卡的编制工作。

(4)根据工作任务的图纸要求和制订的工作计划,应用手动加工工具,完成直升机座椅的零件加工。

(5)通过零件的加工,将加工过程中遇到的问题和困难记录到实施过程中问题清单。

(6)根据零件图纸的尺寸等加工要求,按照检查表里的具体内容,完成工件检查表。

(7)根据自己的实际加工过程,将加工过程的一些想法和感受进行总结归纳,完成总结归纳与思考的相关问题。

(8)根据加工完成的零件以及加工过程,对该项目进行评价,完成项目评价表。

(9)6S职业素养养成。

(10)分享项目工作过程。

3. 引导问题

(1)折弯过程中,什么是回弹和收缩?

(2)折弯的分类有哪些?

4. 工作计划

<table>
<tr><td colspan="10">加工工艺卡</td></tr>
<tr><td colspan="2">项目名称</td><td></td><td>姓名</td><td></td><td>班级</td><td colspan="2"></td><td>日期</td><td></td></tr>
<tr><td>序号</td><td colspan="2">工序内容</td><td colspan="3">准备清单
（工具或辅助装备）</td><td>工作安全和环境</td><td colspan="2">计划的工作时间</td><td>实际的工作时间</td></tr>
<tr><td></td><td colspan="2"></td><td colspan="3"></td><td></td><td colspan="2"></td><td></td></tr>
<tr><td></td><td colspan="2"></td><td colspan="3"></td><td></td><td colspan="2"></td><td></td></tr>
<tr><td></td><td colspan="2"></td><td colspan="3"></td><td></td><td colspan="2"></td><td></td></tr>
<tr><td></td><td colspan="2"></td><td colspan="3"></td><td></td><td colspan="2"></td><td></td></tr>
<tr><td></td><td colspan="2"></td><td colspan="3"></td><td></td><td colspan="2"></td><td></td></tr>
<tr><td></td><td colspan="2"></td><td colspan="3"></td><td></td><td colspan="2"></td><td></td></tr>
<tr><td></td><td colspan="2"></td><td colspan="3"></td><td></td><td colspan="2"></td><td></td></tr>
<tr><td></td><td colspan="2"></td><td colspan="3"></td><td></td><td colspan="2"></td><td></td></tr>
<tr><td></td><td colspan="2"></td><td colspan="3"></td><td></td><td colspan="2"></td><td></td></tr>
<tr><td></td><td colspan="2"></td><td colspan="3"></td><td></td><td colspan="2"></td><td></td></tr>
<tr><td></td><td colspan="2"></td><td colspan="3"></td><td></td><td colspan="2"></td><td></td></tr>
<tr><td></td><td colspan="2"></td><td colspan="3"></td><td></td><td colspan="2"></td><td></td></tr>
<tr><td></td><td colspan="2"></td><td colspan="3"></td><td></td><td colspan="2"></td><td></td></tr>
<tr><td></td><td colspan="2"></td><td colspan="3"></td><td></td><td colspan="2"></td><td></td></tr>
</table>

5. 工作过程问题清单

实施过程中问题清单			
项目名称		日期	
姓名		班级	
序号	工序内容	困难与问题	方法与思考

6. 工件检查

检查表			
项目名称		日期	
姓名		班级	

序号	被检尺寸	检测值			量具	结论
		自检	互检 1	互检 2		

7. 总结归纳与思考

(1)简述您在实施本项目时的工作方法。

(2)在加工本项目零件时,您需要和获得哪些新知识?

(3)在下次加工类似零件时,您应该做哪些改进?

(4)如果您的同学要重复您所做的工作,您应该告诉他哪些信息?

8. 项目评价

<table>
<tr><td colspan="4">项目评价表</td></tr>
<tr><td>项目名称</td><td></td><td>日期</td><td></td></tr>
<tr><td>姓名</td><td></td><td>班级</td><td></td></tr>
<tr><td>序号</td><td>工作内容</td><td>评价标准</td><td>评价值</td></tr>
<tr><td>1</td><td>工作整体完成度</td><td>0—9—15—21—27—30 分</td><td></td></tr>
<tr><td>2</td><td>去毛刺情况</td><td>0—3—5—7—9—10 分</td><td></td></tr>
<tr><td>3</td><td>表面质量</td><td>0—3—5—7—9—10 分</td><td></td></tr>
<tr><td>4</td><td>6S</td><td>0—6—10—14—18—20 分</td><td></td></tr>
<tr><td>5</td><td>尺寸检查</td><td>0/30 分(参考检查表)</td><td></td></tr>
<tr><td colspan="3">总分</td><td></td></tr>
</table>

项目九

制作直升机底板

1. 工作任务

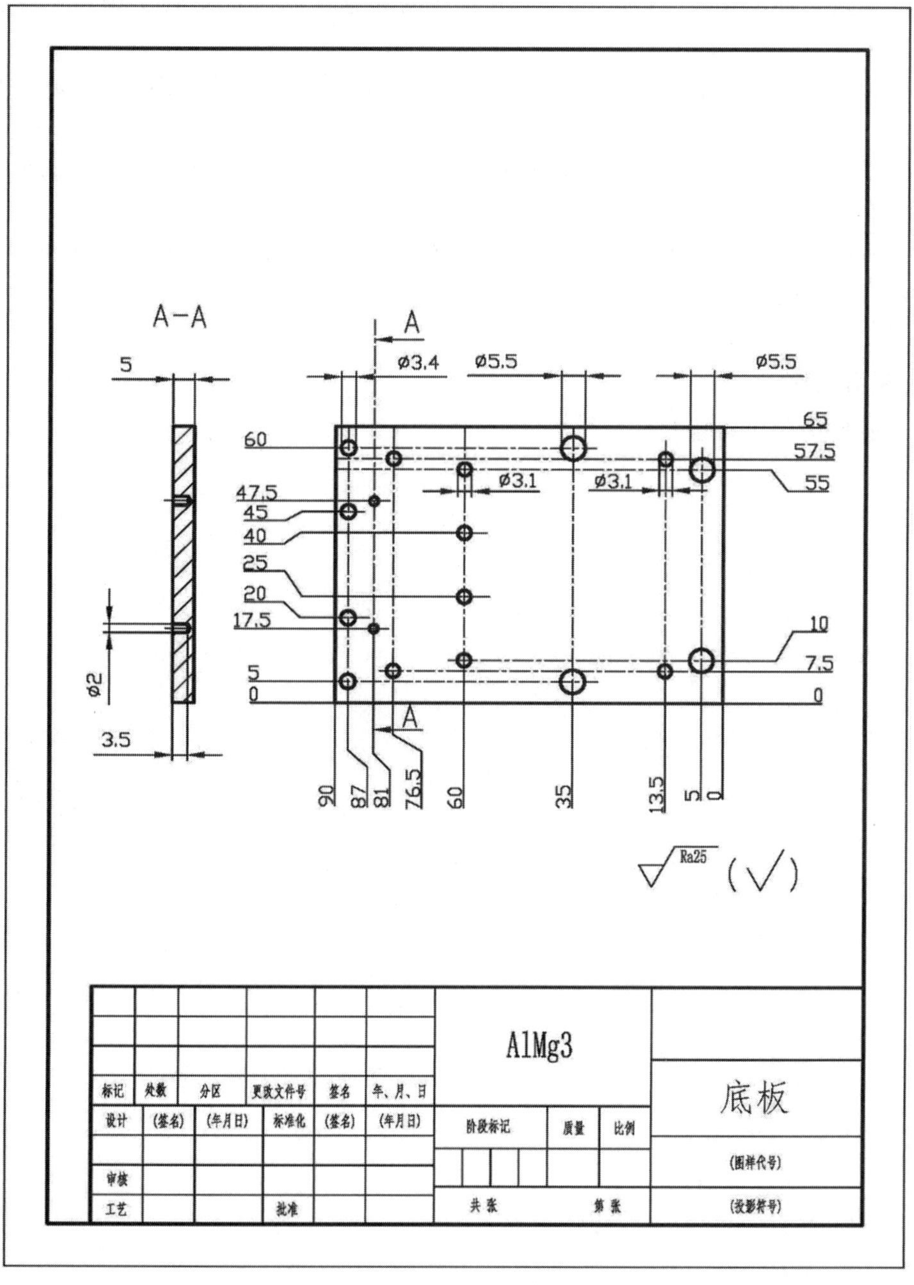

2. 工作描述

该工作任务的具体描述如下：

(1)加强工作过程规范与安全,保证安全生产。

(2)通过信息查询等手段,完成引导问题。

(3)根据工作任务,制订工作计划,完成零件加工工艺卡的编制工作。

(4)根据工作任务的图纸要求和制订的工作计划,应用手动加工工具,完成直升机底板的零件加工。

(5)通过零件的加工,将加工过程中遇到的问题和困难记录到实施过程中问题清单。

(6)根据零件图纸的尺寸等加工要求,按照检查表里的具体内容,完成工件检查表。

(7)根据自己的实际加工过程,将加工过程的一些想法和感受进行总结归纳,完成总结归纳与思考的相关问题。

(8)根据加工完成的零件以及加工过程,对该项目进行评价,完成项目评价表。

(9)6S职业素养养成。

(10)分享项目工作过程。

3. 引导问题

(1)螺纹的作用有哪些?

(2)根据使用目的,螺纹分为哪几种类型?

(3)手动丝锥套装由什么组成?

4. 工作计划

<table>
<tr><td colspan="10">加工工艺卡</td></tr>
<tr><td colspan="2">项目名称</td><td></td><td>姓名</td><td></td><td>班级</td><td colspan="2"></td><td>日期</td><td></td></tr>
<tr><td>序号</td><td colspan="2">工序内容</td><td colspan="3">准备清单
（工具或辅助装备）</td><td>工作安全和环境</td><td colspan="2">计划的工作时间</td><td>实际的工作时间</td></tr>
<tr><td></td><td colspan="2"></td><td colspan="3"></td><td></td><td colspan="2"></td><td></td></tr>
<tr><td></td><td colspan="2"></td><td colspan="3"></td><td></td><td colspan="2"></td><td></td></tr>
<tr><td></td><td colspan="2"></td><td colspan="3"></td><td></td><td colspan="2"></td><td></td></tr>
<tr><td></td><td colspan="2"></td><td colspan="3"></td><td></td><td colspan="2"></td><td></td></tr>
<tr><td></td><td colspan="2"></td><td colspan="3"></td><td></td><td colspan="2"></td><td></td></tr>
<tr><td></td><td colspan="2"></td><td colspan="3"></td><td></td><td colspan="2"></td><td></td></tr>
<tr><td></td><td colspan="2"></td><td colspan="3"></td><td></td><td colspan="2"></td><td></td></tr>
<tr><td></td><td colspan="2"></td><td colspan="3"></td><td></td><td colspan="2"></td><td></td></tr>
<tr><td></td><td colspan="2"></td><td colspan="3"></td><td></td><td colspan="2"></td><td></td></tr>
<tr><td></td><td colspan="2"></td><td colspan="3"></td><td></td><td colspan="2"></td><td></td></tr>
<tr><td></td><td colspan="2"></td><td colspan="3"></td><td></td><td colspan="2"></td><td></td></tr>
<tr><td></td><td colspan="2"></td><td colspan="3"></td><td></td><td colspan="2"></td><td></td></tr>
<tr><td></td><td colspan="2"></td><td colspan="3"></td><td></td><td colspan="2"></td><td></td></tr>
<tr><td></td><td colspan="2"></td><td colspan="3"></td><td></td><td colspan="2"></td><td></td></tr>
</table>

5. 工作过程问题清单

实施过程中问题清单			
项目名称		日期	
姓名		班级	
序号	工序内容	困难与问题	方法与思考

6. 工件检查

检查表						
项目名称			日期			
姓名			班级			
序号	被检尺寸	检测值			量具	结论
		自检	互检 1	互检 2		

7. 总结归纳与思考

(1)简述您在实施本项目时的工作方法。

(2)在加工本项目零件时,您需要和获得哪些新知识?

(3)在下次加工类似零件时,您应该做哪些改进?

(4)如果您的同学要重复您所做的工作,您应该告诉他哪些信息?

8. 项目评价

项目评价表

项目名称			日期	
姓名			班级	

序号	工作内容	评价标准	评价值
1	工作整体完成度	0—9—15—21—27—30 分	
2	去毛刺情况	0—3—5—7—9—10 分	
3	表面质量	0—3—5—7—9—10 分	
4	6S	0—6—10—14—18—20 分	
5	尺寸检查	0/30 分(参考检查表)	
总分			

项目十
制作直升机支架

1. 工作任务

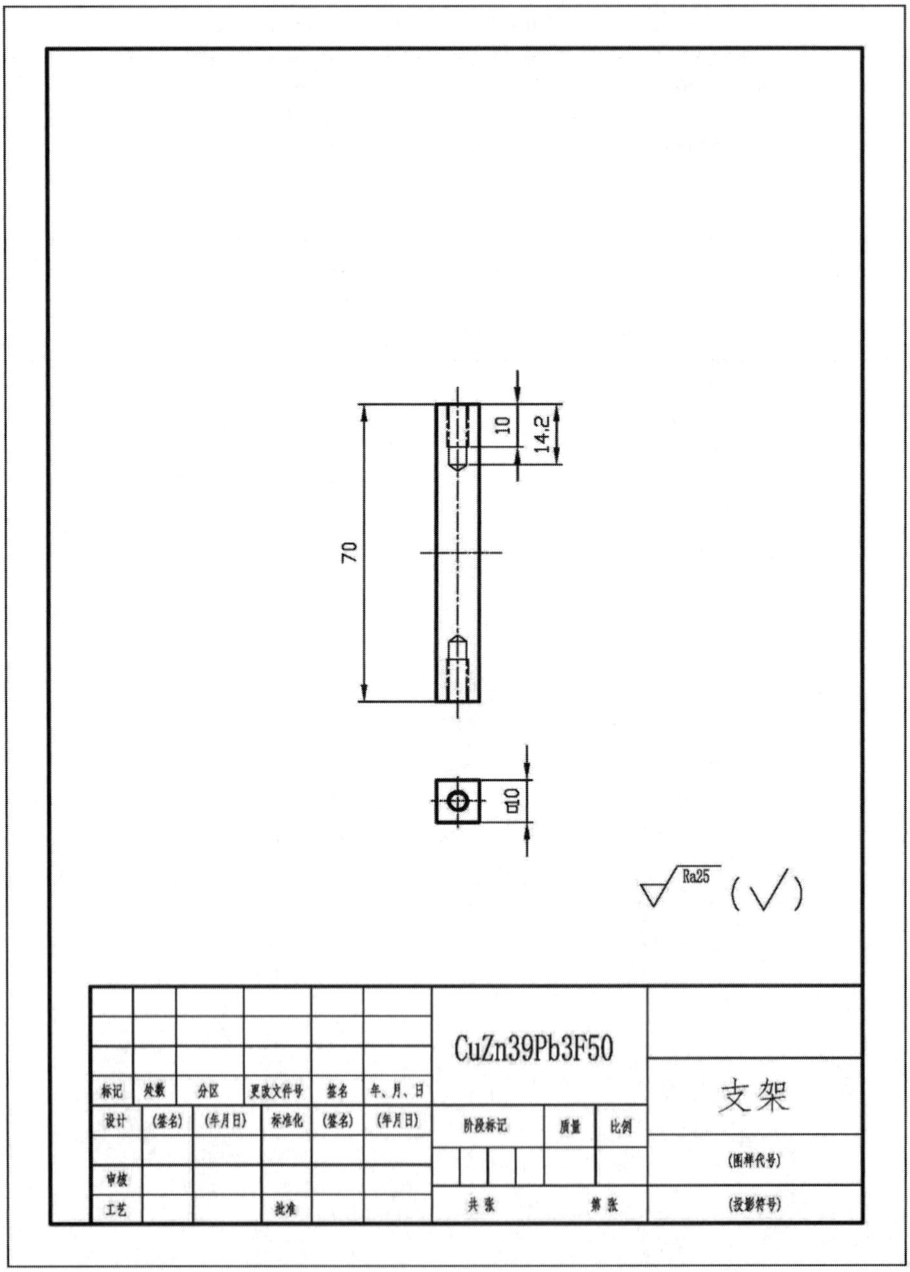

2. 工作描述

该工作任务的具体描述如下：

(1)加强工作过程规范与安全,保证安全生产。

(2)通过信息查询等手段,完成引导问题。

(3)根据工作任务,制订工作计划,完成零件加工工艺卡的编制工作。

(4)根据工作任务的图纸要求和制订的工作计划,应用手动加工工具,完成直升机支架的零件加工。

(5)通过零件的加工,将加工过程中遇到的问题和困难记录到实施过程中问题清单。

(6)根据零件图纸的尺寸等加工要求,按照检查表里的具体内容,完成工件检查表。

(7)根据自己的实际加工过程,将加工过程的一些想法和感受进行总结归纳,完成总结归纳与思考的相关问题。

(8)根据加工完成的零件以及加工过程,对该项目进行评价,完成项目评价表。

(9)6S 职业素养养成。

(10)分享项目工作过程。

3. 引导问题

(1)手动攻丝的注意事项有哪些?

(2)钻盲孔时应该注意哪些事项?

4. 工作计划

<table>
<tr><th colspan="8">加工工艺卡</th></tr>
<tr><td>项目名称</td><td></td><td>姓名</td><td></td><td>班级</td><td></td><td>日期</td><td></td></tr>
<tr><td>序号</td><td>工序内容</td><td colspan="2">准备清单
（工具或辅助装备）</td><td>工作安全和环境</td><td colspan="2">计划的工作时间</td><td>实际的工作时间</td></tr>
<tr><td></td><td></td><td colspan="2"></td><td></td><td colspan="2"></td><td></td></tr>
<tr><td></td><td></td><td colspan="2"></td><td></td><td colspan="2"></td><td></td></tr>
<tr><td></td><td></td><td colspan="2"></td><td></td><td colspan="2"></td><td></td></tr>
<tr><td></td><td></td><td colspan="2"></td><td></td><td colspan="2"></td><td></td></tr>
<tr><td></td><td></td><td colspan="2"></td><td></td><td colspan="2"></td><td></td></tr>
<tr><td></td><td></td><td colspan="2"></td><td></td><td colspan="2"></td><td></td></tr>
<tr><td></td><td></td><td colspan="2"></td><td></td><td colspan="2"></td><td></td></tr>
<tr><td></td><td></td><td colspan="2"></td><td></td><td colspan="2"></td><td></td></tr>
<tr><td></td><td></td><td colspan="2"></td><td></td><td colspan="2"></td><td></td></tr>
<tr><td></td><td></td><td colspan="2"></td><td></td><td colspan="2"></td><td></td></tr>
<tr><td></td><td></td><td colspan="2"></td><td></td><td colspan="2"></td><td></td></tr>
<tr><td></td><td></td><td colspan="2"></td><td></td><td colspan="2"></td><td></td></tr>
<tr><td></td><td></td><td colspan="2"></td><td></td><td colspan="2"></td><td></td></tr>
<tr><td></td><td></td><td colspan="2"></td><td></td><td colspan="2"></td><td></td></tr>
</table>

5. 工作过程问题清单

实施过程中问题清单			
项目名称		日期	
姓名		班级	
序号	工序内容	困难与问题	方法与思考

6. 工件检查

检查表

项目名称		日期	
姓名		班级	

序号	被检尺寸	检测值			量具	结论
		自检	互检 1	互检 2		

7. 总结归纳与思考

(1)简述您在实施本项目时的工作方法。

(2)在加工本项目零件时,您需要和获得哪些新知识?

(3)在下次加工类似零件时,您应该做哪些改进?

(4)如果您的同学要重复您所做的工作,您应该告诉他哪些信息?

8. 项目评价

<table>
<tr><th colspan="4">项目评价表</th></tr>
<tr><td colspan="2">项目名称</td><td></td><td>日期</td><td></td></tr>
<tr><td colspan="2">姓名</td><td></td><td>班级</td><td></td></tr>
<tr><td>序号</td><td>工作内容</td><td>评价标准</td><td>评价值</td></tr>
<tr><td>1</td><td>工作整体完成度</td><td>0—9—15—21—27—30 分</td><td></td></tr>
<tr><td>2</td><td>去毛刺情况</td><td>0—3—5—7—9—10 分</td><td></td></tr>
<tr><td>3</td><td>表面质量</td><td>0—3—5—7—9—10 分</td><td></td></tr>
<tr><td>4</td><td>6S</td><td>0—6—10—14—18—20 分</td><td></td></tr>
<tr><td>5</td><td>尺寸检查</td><td>0/30 分(参考检查表)</td><td></td></tr>
<tr><td colspan="3">总分</td><td></td></tr>
</table>

项目十一 装配直升机

1. 工作任务

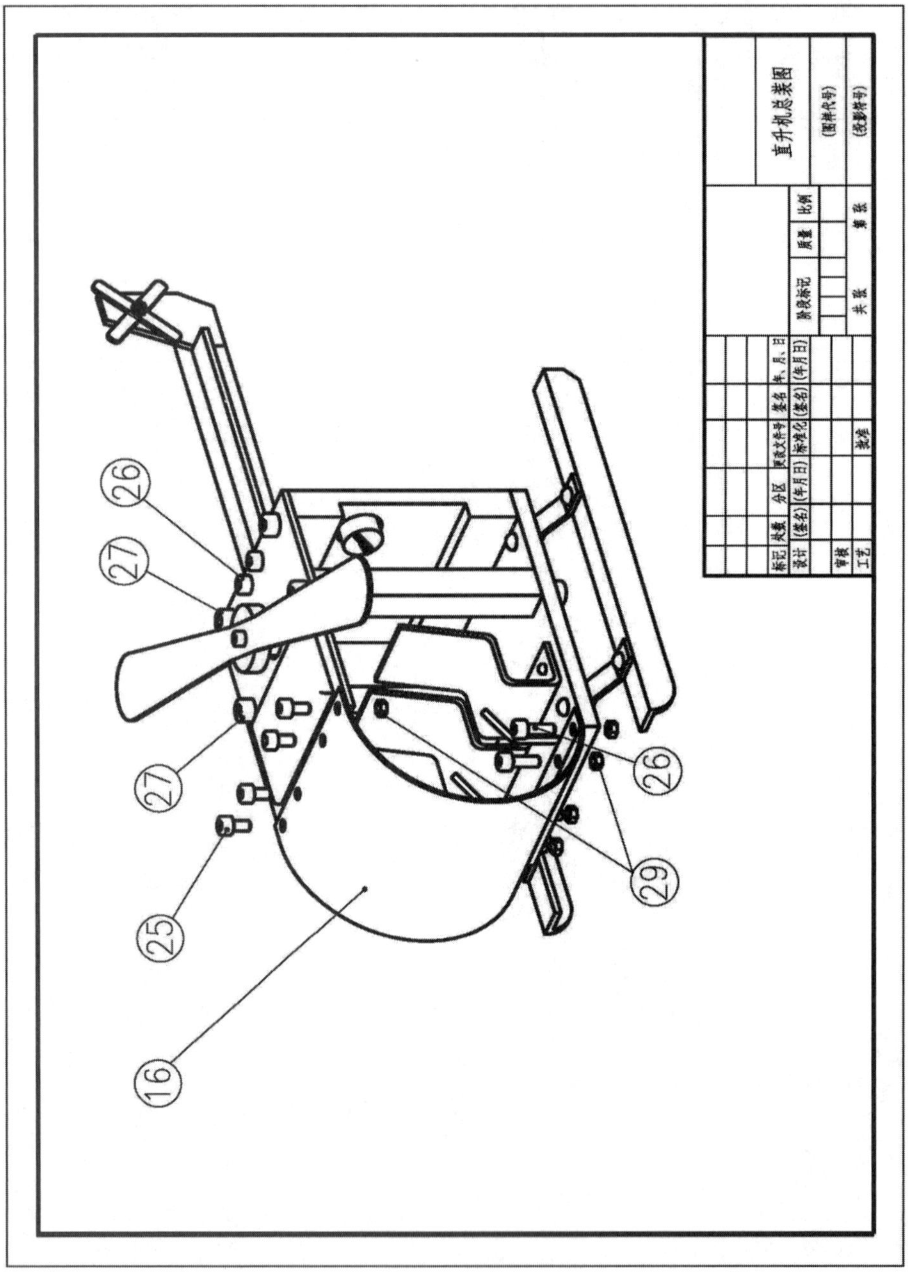

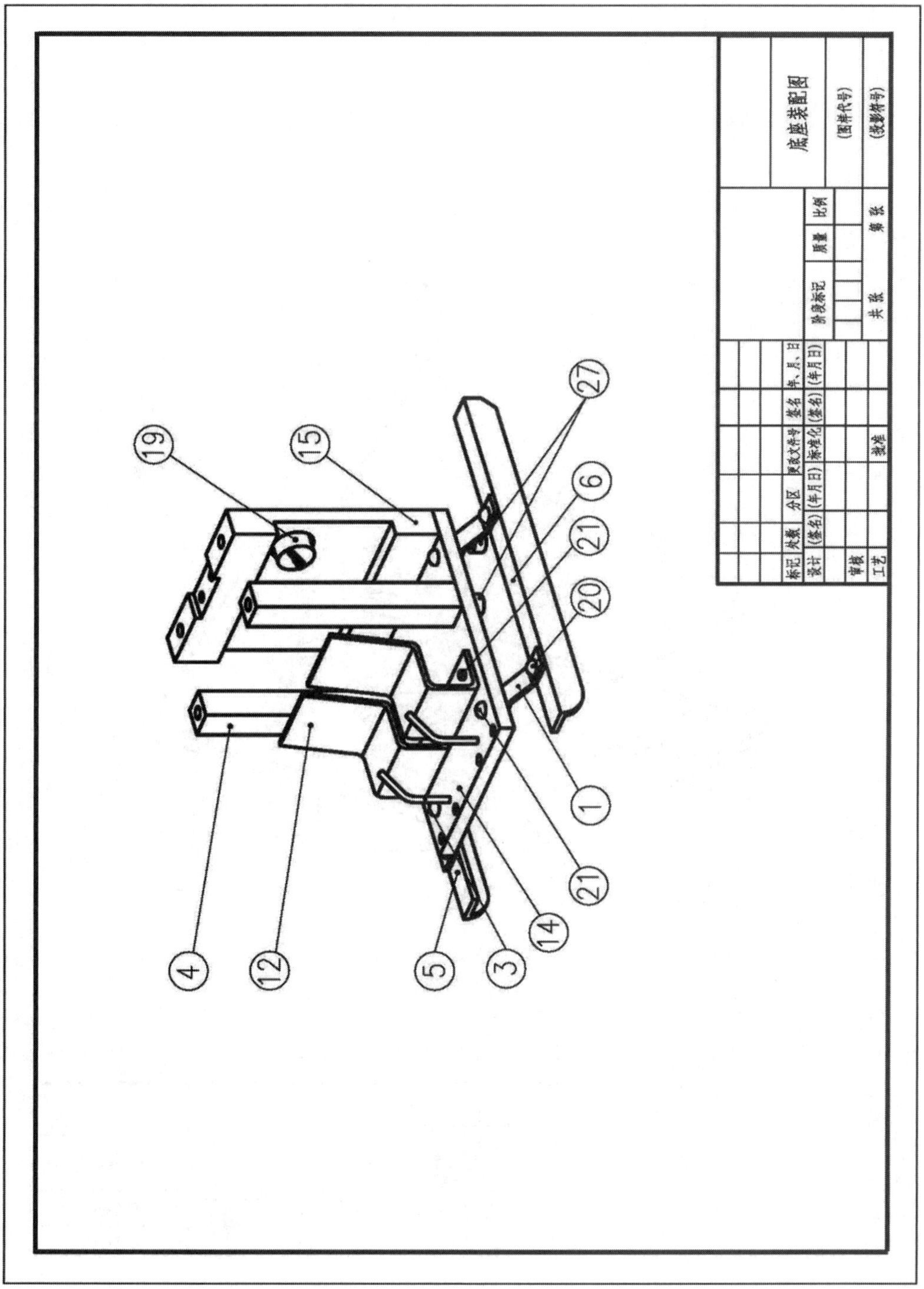

19
15
27
6
21
20
1
21
14
3
5
12
4
底座装配图
(图样代号)
(投影符号)
标记 处数 分区 更改文件号 签名 年、月、日
设计 (签名) (年月日) 标准化 (签名) (年月日)
阶段标记 质量 比例
审核
工艺 批准
共 张 第 张

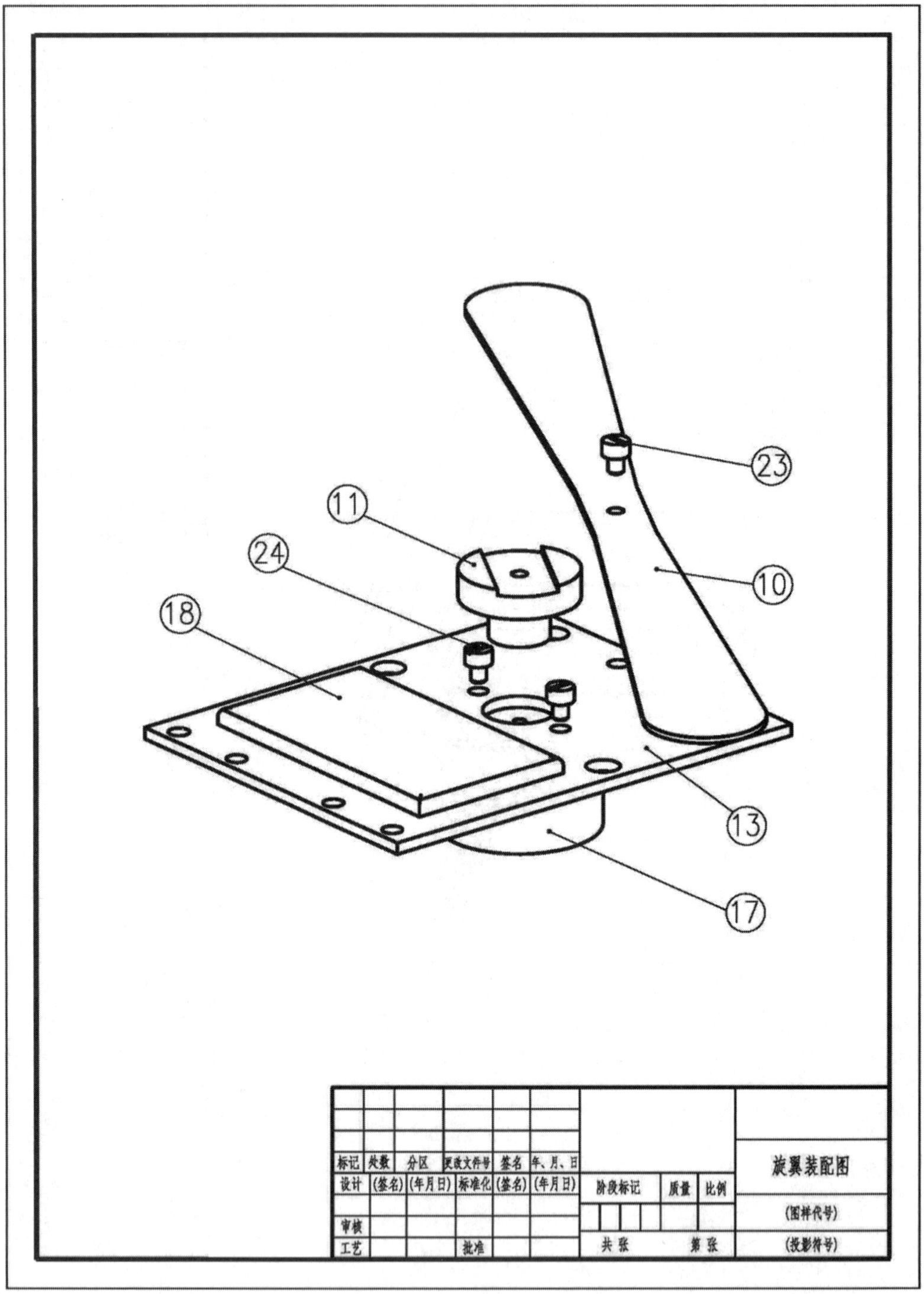

11
24
18
23
10
13
17
标记 处数 分区 更改文件号 签名 年、月、日
设计 (签名) (年月日) 标准化 (签名) (年月日)
阶段标记 质量 比例
审核
工艺 批准
共 张 第 张
旋翼装配图
(图样代号)
(投影符号)

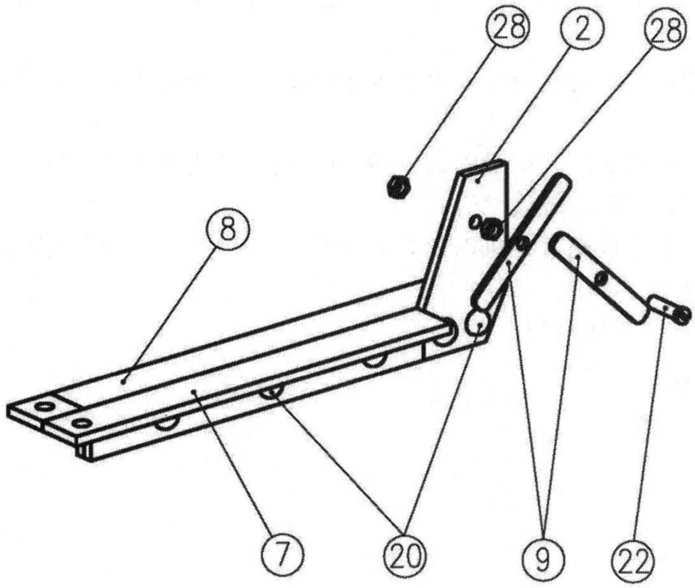

标记	处数	分区	更改文件号	签名	年、月、日				尾旋翼装配图
设计	(签名)	(年月日)	标准化	(签名)	(年月日)	阶段标记	质量	比例	(图样代号)
审核									
工艺			批准			共 张		第 张	(投影符号)

2. 工作描述

该工作任务的具体描述如下：

(1)加强工作过程规范与安全,保证安全生产。

(2)通过信息查询等手段,完成引导问题。

(3)根据工作任务,制订工作计划,完成零部件装配过程卡的编制工作。

(4)根据工作任务的图纸要求和制订的工作计划,应用手动加工工具,完成直升机的总装配。

(5)通过零件的加工,将装配过程中遇到的问题和困难记录到实施过程中问题清单。

(6)根据零件图纸的相对位置关系等装配要求,按照检查表里的具体内容,完成检查表。

(7)根据自己的实际装配过程,将装配过程的一些想法和感受进行总结归纳,完成总结归纳与思考的相关问题。

(8)根据装配完成的直升机以及装配过程,对该项目进行评价,完成项目评价表。

(9)6S职业素养养成。

(10)分享项目工作过程。

3. 引导问题

(1)什么是装配?

(2)装配前的准备工作有哪些?

(3)常用的连接方式有哪些?

(4)什么是预紧力?

(5)使用紧固螺钉的优点和缺点是什么?

(6)为什么将螺钉拧到最紧是错误的做法?

(7)什么时候应该使用膨胀螺钉?

(8)通常使用哪些类型的螺钉和螺母连接组件?

(9)说出三种最重要的螺钉头形。

(10)说出三种常用的螺钉防松装置。

4. 工作计划

装配过程卡

项目名称		姓名		班级		日期	

序号	工序内容	准备清单 （工具或辅助装备）	工作安全和环境	计划的工作时间	实际的工作时间

5. 工作过程问题清单

实施过程中问题清单			
项目名称		日期	
姓名		班级	
序号	工序内容	困难与问题	方法与思考

6. 产品检查

检查表

项目名称		日期	
姓名		班级	

序号	被检尺寸	检测值			量具	结论
		自检	互检 1	互检 2		

7. 总结归纳与思考

(1)简述您在实施本项目时的工作方法。

(2)在加工本项目零件时,您需要和获得哪些新知识?

(3)在下次加工类似零件时,您应该做哪些改进?

(4)如果您的同学要重复您所做的工作,您应该告诉他哪些信息?

8. 项目评价

项目评价表			
项目名称		日期	
姓名		班级	

序号	工作内容	评价标准	评价值
1	工作整体完成度	0—9—15—21—27—30 分	
2	去毛刺情况	0—3—5—7—9—10 分	
3	表面质量	0—3—5—7—9—10 分	
4	6S	0—6—10—14—18—20 分	
5	尺寸检查	0/30 分(参考检查表)	
总分			

知识点链接

一、划线

（一）划线的概念

根据图纸或实物的尺寸，准确地在工件表面（毛坯表面或已加工表面）划出加工界线，这项操作叫划线。

平面划线：只需在一个平面上划线就能明确示出工件的加工界线。

立体划线：要同时在工件几个不同方向的表面划线，才能明确示出加工界线。

（二）划线的作用

（1）确定工件上各形面的加工位置和加工余量。

（2）可全面检查毛坯的形状和尺寸是否符合图纸、是否满足加工要求。

（3）在毛坯出现某些缺陷的情况下，利用划线时的借料方法来适当分配各形面的加工余量，可以达到补救的目的。

（三）划线工具及其使用方法

（1）钢皮尺：用来量取尺寸；测量工件；代替直尺划线。

（2）划针：用来划线，如图 1-1 所示。

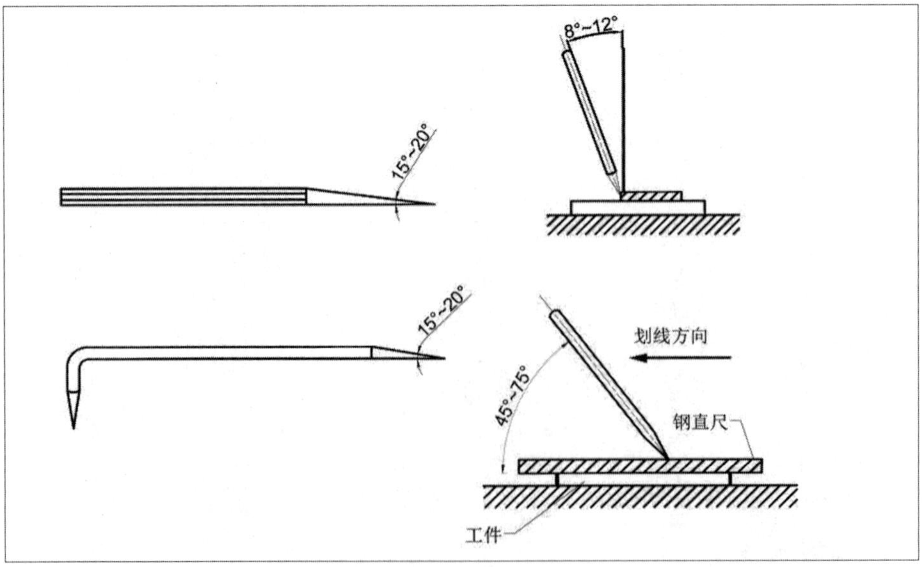

图 1-1　划针

(3)样冲(又名中心冲):在加工线条上做冲眼记号,加强界线标记(称检验样冲眼)和做圆弧或钻孔定中心(称中心样冲眼),如图 1-2 所示。

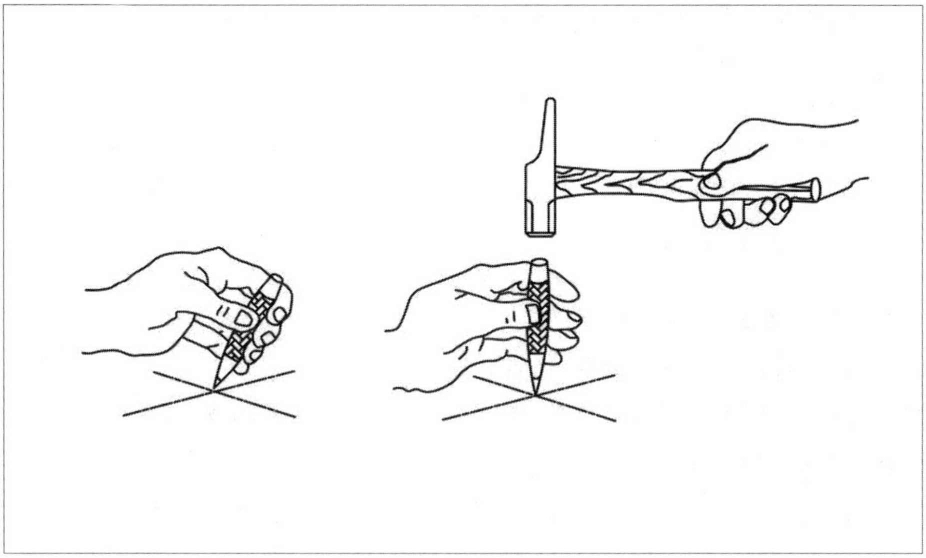

图 1-2　样冲的用法

(4)圆规(又名距叉或活动分规):用于划圆弧、求圆心等分线、分角度和量取尺寸。

(5)高度游标划线尺:由高度尺和划针盘组成,根据游标卡尺刻线原理来确定高度尺寸;它的划线脚可用来划线,精度一般,工件上的平行线可用它直接划出;每次使用完后,要把高度游标划线尺擦拭干净。

(6)角尺:钳工常用测量工具,划线时,可作垂直线或平行线,也可用来找正与平台的垂直位置。

(7)V 形铁:主要用来安放圆形工件,以便用高度游标划线尺划出中心线和其他线。

(8)划线平台:又称划线平板,用来安放工件和划线工具。

(9)其他:方箱、角铁、千斤顶、斜铁等。

(四)划线基准的确定

一个工件有很多线条要划,究竟从哪一根线开始,通常要遵守一个规则,即从基准开始。

1. 基准

基准就是零件上用来确定其他点、线、面位置的依据。

2. 划线基准

在零件上用来确定其他点、线、面的基准,就是划线基准。划线时,划线基准与设计基准尽量一致。

3. 划线基准的类型

划线基准一般有三种类型：

(1)以两条互相垂直的平面(或线)为基准；

(2)以两条互相垂直的中心线为基准；

(3)以一个平面和一条中心线为基准。

由于划线时，在零件的每一个方向的尺寸中都需要选择一个基准，因此，平面划线时，一般要选择两个划线基准，而立体划线时，一般要选择三个划线基准。

(五)划线操作要点

1. 划线前的准备工作

(1)工件准备包括工件的清理、检查和表面涂色；

(2)工具准备按工件图样的要求，选择所需工具，并检查和校验工具。

2. 操作时的注意事项

(1)看懂图样，了解零件的作用，分析零件的加工顺序和加工方法；

(2)工件夹持或支承要稳妥，以防滑倒或移动；

(3)在一次支承中应将要划出的平行线全部划全，以免再次支承补划，造成误差；

(4)正确使用划线工具，划出的线条要准确、清晰；

(5)划线完成后，要反复核对尺寸，才能进行机械加工。

二、锉削

(一)锉刀

1. 锉刀构造

锉刀是用高碳工具钢 T12 或 T12A、T13A 制成，经热处理后，工作部分的硬度可达 62HRC 以上。锉刀的各种规格目前已被标准化。

锉刀由锉身(工作部分)和锉刀舌两部分组成，如图 2-1 所示。

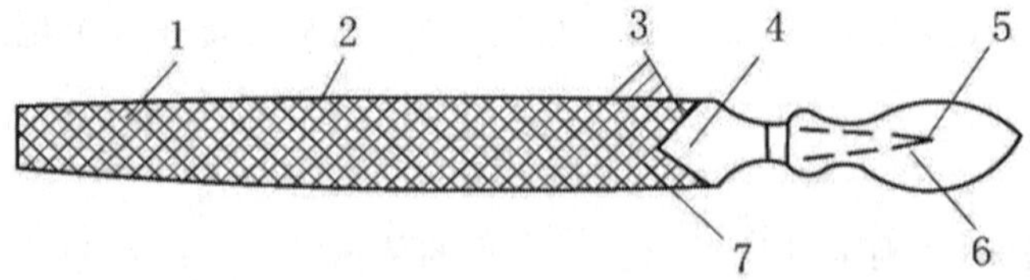

1—锉刀面；2—锉刀边；3—底齿纹；4—锉刀尾；5—柄；6—舌；7—面齿纹

图 2-1 锉刀构造

锉身的上、下两面为锉刀面，是锉刀的主要工作面，该面上经铣齿或剁齿后形成许多小楔形刀头，称为锉齿。锉齿是锉刀用以切削的齿型。

锉齿可分两种：

剁齿后角 $\alpha=35°$，楔角 $\beta=70°$，前角 $\gamma=-15°$；

铣齿后角 $\alpha=37°$ 楔角 $\beta=47°$，前角 $\gamma=5°$。

所以，剁齿具有负前角，主要起刮削作用；而铣齿具有正前角，主要起切削作用。铣制时可铣出断铁屑槽，有较大的圆槽形齿隙，容易排屑。

2. 锉齿的种类及选择

锉刀按齿纹可分为单齿纹锉刀和双齿纹锉刀。

(1)单齿纹锉刀的齿纹是按一个方向排列的，适用于锉削铝、锡等软金属。

(2)双齿纹锉刀的齿纹是按两个方向交叉排列的，先剁出的浅齿纹叫底齿纹，后剁出的深齿纹叫面齿纹，面齿纹覆盖在底齿纹上，使锉齿间断。底齿纹和面齿纹与锉刀中心线的夹角不同，以保证锉齿排列不平行于锉刀中心线。

这样，锉削时锉痕不会重叠，锉出的表面比较光滑，锉齿交错切削，切削量小，锉削省力，应用广泛。

3. 锉刀柄安装

普通锉刀必须装上木柄后才能使用。刀柄安装前要加箍，然后用左手扶住柄，右手将锉刀舌插入锉刀柄孔内，再在虎钳上或工作台上镦紧，其插入长度约为锉刀舌长度的 3/4。

卸锉刀柄可在虎钳上进行，也可在工作台边轻轻撞击取下。

锉刀的类型和形式代码如图 2-2 所示。

(二)锉削

1. 锉刀握法

锉刀柄的圆头端顶在右手心，大拇指压在锉刀柄的上部位置，自然伸直，其余四指向手心弯曲紧握锉刀柄。左手放在锉刀的另一端，当使用长锉刀、锉削余量较大时，用左手掌压在锉刀的另一端部，四指自然向下弯，用中指和无名指握住锉刀，协同右手引导锉刀，使锉刀平直运行。

2. 锉削姿势

锉削姿势对锉削质量、锉削力的运用和发挥以及操作者的疲劳强度，都起着决定性的作用。锉削时人的站立位置与锯削时相似。

锉削时身体的重心要落在左脚上，右膝伸直，左膝随锉削时的往复运动而屈伸。在锉刀向前锉削的动作过程中，身体和手臂的运动情况如图 2-3 所示。开始时，把锉刀放在工件上面，左臂弯曲，小臂与工件锉削面的左右方向保持基本平行，右小臂要与工件锉削面的前后方向保持基本平行，动作要自然；锉削时，身体与锉刀一起向前运动，右腿伸直并且稍向前倾，重心在左脚；当锉刀的行程达到总行程的 1/4 时，身体应停止前进，两臂则继续将锉刀推至行程结束，在 3/4 行程位置时，左腿自然伸直，把整

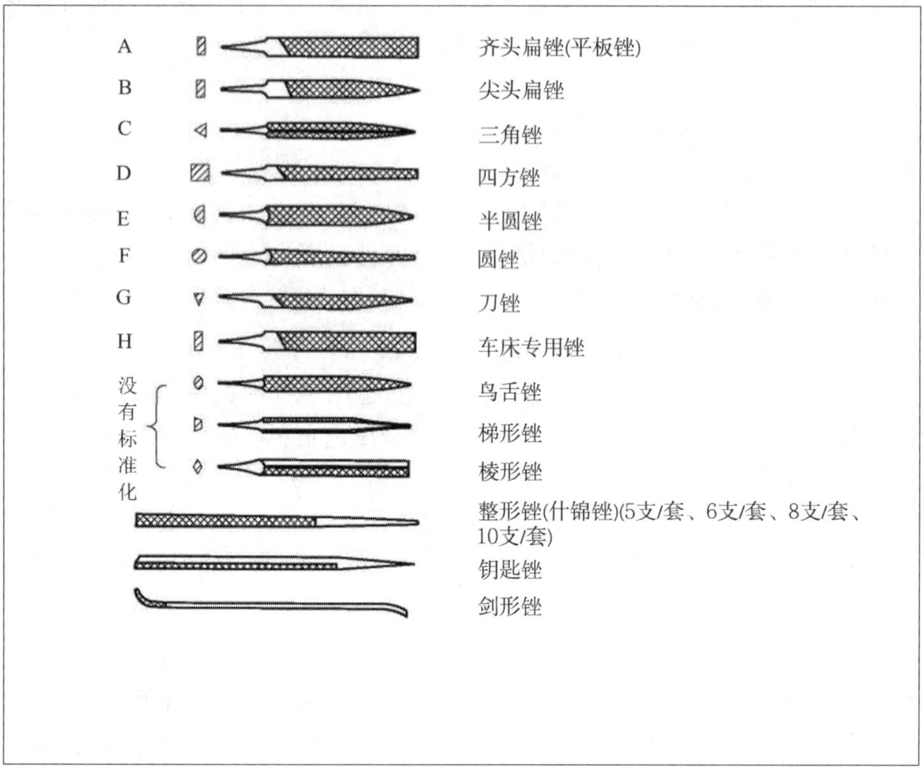

图 2-2 锉刀的类型和形式代码

个身体的重心后移,使身体恢复原位,并顺势把锉刀收回。当锉刀收回将近结束时,身体又开始先于锉刀前倾,开始第二次锉削的向前运动。

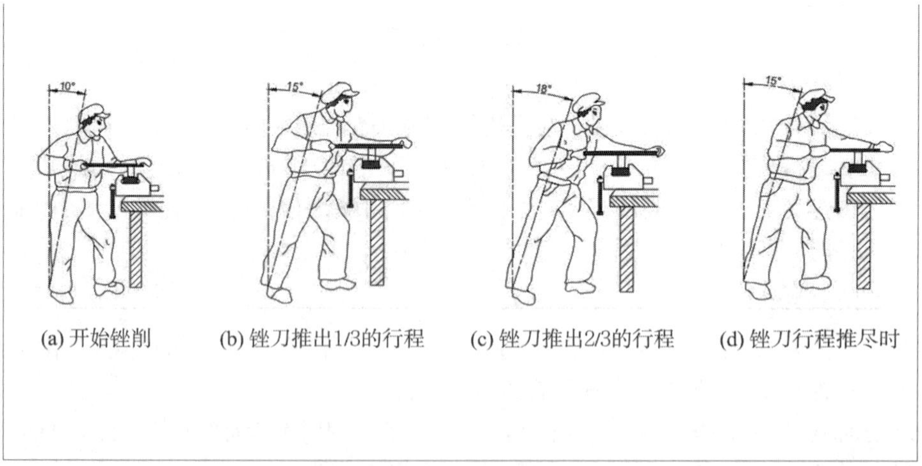

图 2-3 锉削过程

锉刀的运动必须保持直线运动。为此,锉削时右手的压力要随锉刀推动而逐渐增加,左手的压力要随锉刀推动而逐渐减小。回程时不加压力,以减小锉齿磨损,如图 2-4 所示。

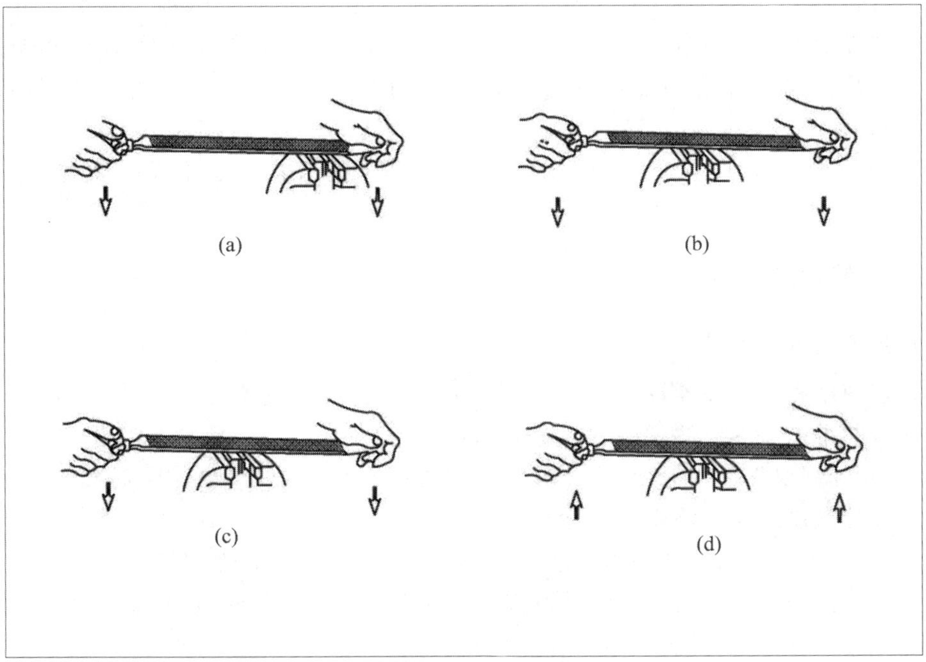

图 2-4　锉削运动过程受力

3. 平面锉削方法

平面锉削方法如图 2-5 所示。

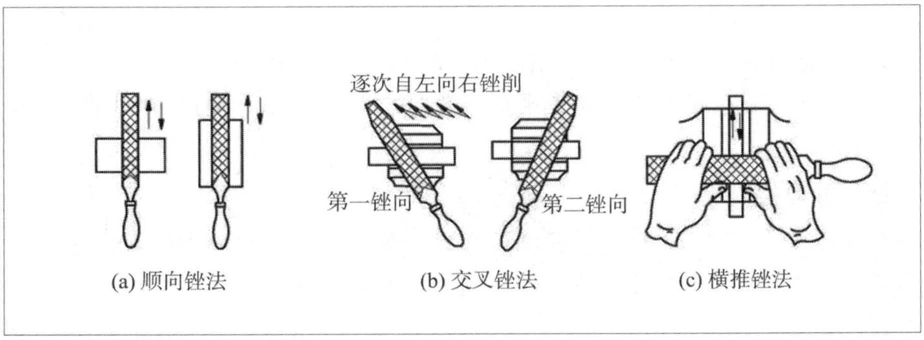

图 2-5　平面锉削方法

(1)顺向锉法:顺向锉是最普通的锉削方法。锉刀运动方向与工件夹持方向始终一致,面积不大的平面和最后锉光都采用这种方法。顺向锉可得到正直的锉痕,比较整齐美观,精锉时常采用。但无论纵向锉削还是横向锉削,在锉削运动中,双手会或多或少地上下摇摆,导致锉削平面总是呈现中间凸起的较大误差。

(2)交叉锉法:锉刀与工件夹持方向约呈 35°角,且锉痕交叉。交叉锉时锉刀与工件的接触面积增大,锉刀容易掌握平稳。交叉锉一般用于粗锉。但因板材侧向加工面狭窄,不适合做交叉锉削运动,实际效果也不理想。

(3)横推锉法:推锉一般用来锉削狭长平面,在顺向锉法锉刀受阻时使用。推锉不利于充分发挥手臂的力量,故锉削效率低,只适用于加工余量较小和修整尺寸时使用。这种方法往往因工件中间部位锉去的量多而两头少,产生磨刀砖似的平面中凹的状况。

特别提示:锉削的速度一般应在 40 次/分左右,推出时稍慢,回程时稍快,动作要自然协调。

(三)锉削的文明生产和安全

1. 锉刀的维护保养

合理使用和正确保养锉刀,能延长锉刀的使用寿命,提高工作效率,降低生产成本。锉刀的维护保养应注意以下几个方面:

(1)新锉刀要先使用一面;应充分使用锉刀的有效全长,避免锉齿局部磨损;不可锉毛坯件的硬皮及经过淬硬的工件。

(2)锉刀上不可沾油和沾水。沾水后锉刀易生锈,沾油后锉刀锉削时易打滑。切屑嵌入齿缝内必须及时用铜丝刷沿着锉齿的纹路方向进行清除,以免切屑刮伤已加工面,锉刀使用完毕必须清刷干净,以免生锈。

(3)放置锉刀时要避免锉刀与硬物接触,严禁锉刀与锉刀重叠堆放。

2. 安全注意事项

(1)锉削时不使用无柄或裂柄锉刀。

(2)锉刀是右手工具,应放在台虎钳的右面,放在钳台时锉刀不可露出钳台外面,以免锉刀碰落砸伤腿脚。

(3)锉屑应用毛刷清除,不允许用嘴吹,避免锉屑飞入眼内。

(4)锉削时要防止锉刀从锉柄中滑脱出伤人。不允许用锉刀撬、击东西,防止锉刀折断、碎裂伤人。

3. 锉削质量检验

在平面锉削时,常需检验其平面度误差。一般可用钢直尺或刀口尺以透光法来检验其质量。检查时,用检查尺紧贴工件锉削面,沿纵向、横向、两对角线方向多处检查。(具体数值可用塞尺测量。)

三、锯削

(一)锯削的定义

用锯把材料或工件进行分割或切槽等的操作,称为锯削。

(二)手锯的构造

手锯(又称钢锯)由锯弓和锯条构成。锯弓是用来安装锯条的,它有可调式和固定式两种,如图 3-1 所示。固定式锯弓只能安装一种长度的锯条;可调式锯弓通过调整可以安装不同长度的锯条，并且可调式锯弓的锯柄形状便于用力，所以目前被广泛使用。

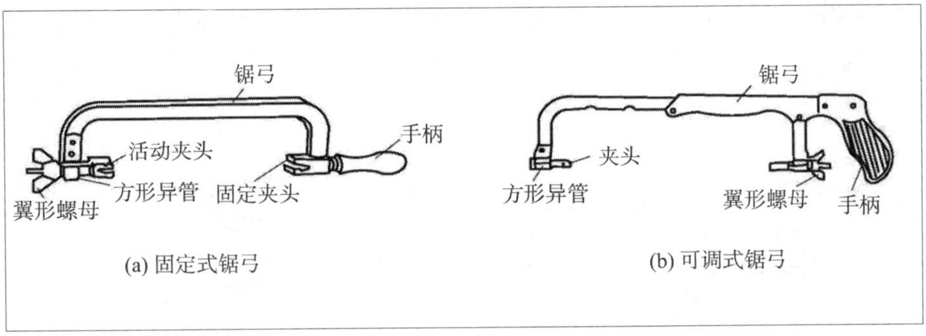

图 3-1　手锯的构造

（三）锯条

锯条是用来直接锯削材料或工件的刃具。一般用 T12A 碳素钢或渗碳钢冷轧而成。齿部硬度一般在 62～66HRC。

1. 锯齿的角度

锯条的切削部分是由许多锯齿组成的。

锯削时，为了减少锯齿后面与工件之间的摩擦，并使切削部分具有足够的容屑空间，锯齿的后角较大，一般后角 $\alpha=40°\sim45°$，前角 $\gamma=0°$，楔角 $\beta=45°\sim50°$。

较小齿距：$\alpha=40°$，楔角 $\beta=50°$，前角 $\gamma=0°$。

较大齿距：$\alpha=30°$，楔角 $\beta=50°$，前角 $\gamma=10°$。

2. 锯路

制作锯条时，将锯齿按一定规律左右相互错开，称为锯路。

锯路有交叉形和波浪形两种。锯条有了锯路，在锯削时，工件上的锯缝宽度大于锯条背部的宽度，从而减少了锯缝两侧与锯条的摩擦，便于排屑，避免夹锯，减少锯条磨损或折断。

3. 锯条粗细

为了适应不同材料的锯削，锯条以齿距大小不同做成粗齿、中齿和细齿 3 种。

粗齿：14～18 齿/吋。

中齿：22～24 齿/吋。

细齿：25～32 齿/吋。

4. 锯条选择

锯条使用时应根据所锯材料的软硬和厚薄来选用。

锯削铜、铝、铸铁、低碳钢等较软材料或较厚的材料时应选用粗齿锯条；锯削薄钢板、管子、角钢等较薄或较硬材料时应选用细齿锯条。

5. 锯条的正确安装

锯削时，手锯向前推进起切削作用，反之则不起切削作用。

锯条安装在锯弓两夹头的销钉上时，锯条的一侧面应紧贴在夹头平面上，锯齿齿尖方向应向前，如图 3-2 所示。

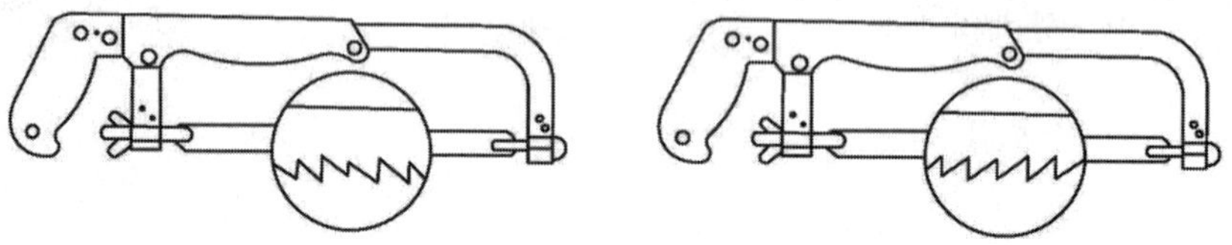

图 3-2 锯条安装

旋紧翼形螺母，拉紧锯条。

锯条安装时不可过紧或过松。太紧时锯条受感力过大，在锯削中用力稍有不当，就会折断；太松则锯削时的锯条容易扭曲，也易折断，而且锯出的锯缝容易歪斜。

一般用手拨动锯条时，手感硬实并略带弹性，则锯条松紧适宜。锯条装好后，应检查是否歪斜，如有歪斜，则需校正。

方法是：把翼形螺母再旋紧些，然后旋松一些来消除扭曲现象。

（四）台虎钳的使用、工件装夹

1. 台虎钳

台虎钳由两个紧固螺栓固定在钳台上，用来夹持工件。其规格以钳口的宽度来表示，常用的有 100 mm、125 mm、150 mm 等。

台虎钳有固定式和回转式两种，如图 3-3 所示。后者使用较方便，应用较广，它由活动钳身 10、固定钳身 7、丝杆 11、螺母 3、夹紧盘 5 和转盘座 6 等主要部分组成。

操作时，顺时针转动长手柄 12，可使丝杠 11 在螺母 3 中旋转，并带动活动钳身 10 向内移动，将工件夹紧；当逆时针旋转长手柄 12 时，可使活动钳身向外移动，将工件松开。固定钳身 7 装在转盘座 6 上，并能绕转盘座轴心线转动，当转到要求的方向时，扳动手柄 4 使夹条螺钉旋紧，将台虎钳整体锁紧在钳桌上。

2. 台虎钳的安装高度

台虎钳的安装高度如图 3-4 所示。

3. 使用台虎钳时的注意事项

安装台虎钳时，一定要使固定钳身的钳口工作面露出钳台的边缘，以方便夹持长条形的工件。此外，固定台虎钳时螺钉必须拧紧，钳身工作时不能松动，以免损坏台虎

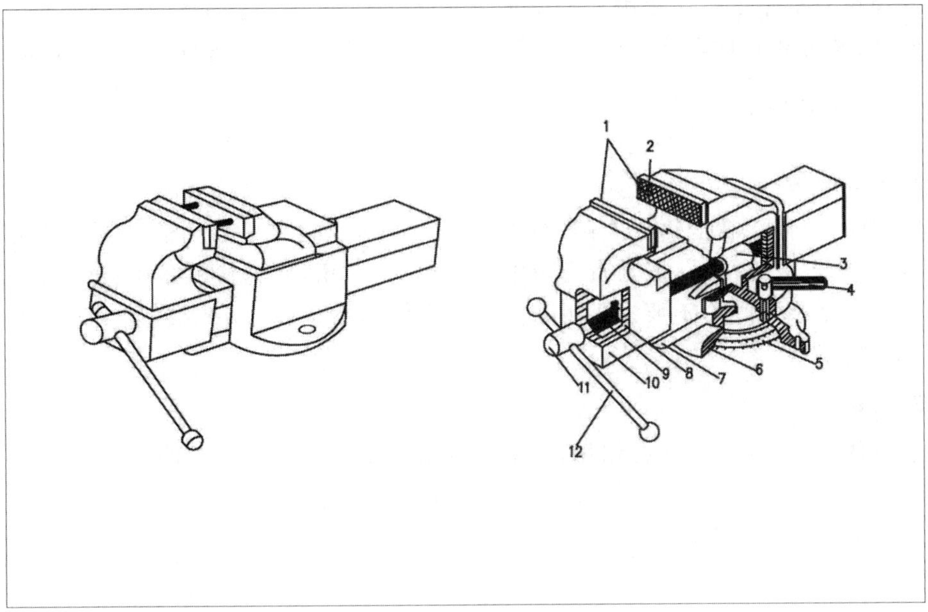

图 3-3　台虎钳的结构

图 3-4　台虎钳的安装高度

钳或影响加工质量。

在台虎钳上夹持工件时，只允许依靠手臂的力量来扳动手柄，决不允许用锤子敲击手柄或用管子接长手柄夹紧，以免损坏台虎钳。

在台虎钳上进行背削等强力作业时，应使作用力朝向固定钳身。

台虎钳的基座上可用手锤轻击作业，不能在活动钳身上进行敲击作业。

丝杠、螺母和其他配合表面应保持清洁，并加油润滑，以使操作省力，防止生锈。

（五）锯削操作

1. 站立姿势

锯削时，身体在台虎钳的左侧，左脚跨前半步与台虎钳中心线呈 30°角，左腿膝盖略弯曲，右脚习惯站立，一般与台虎钳中心线约呈 75°角，两脚相距 250～300 mm。

右腿要站稳、伸直，不要过于用力。此时身体与台虎钳中心线约呈 45°角，并略向前倾，保持自然。

2. 握锯

手握住锯柄，左手轻扶在锯弓前端，双手将手锯扶正，放在工件上锯削，如图 3-5 所示。

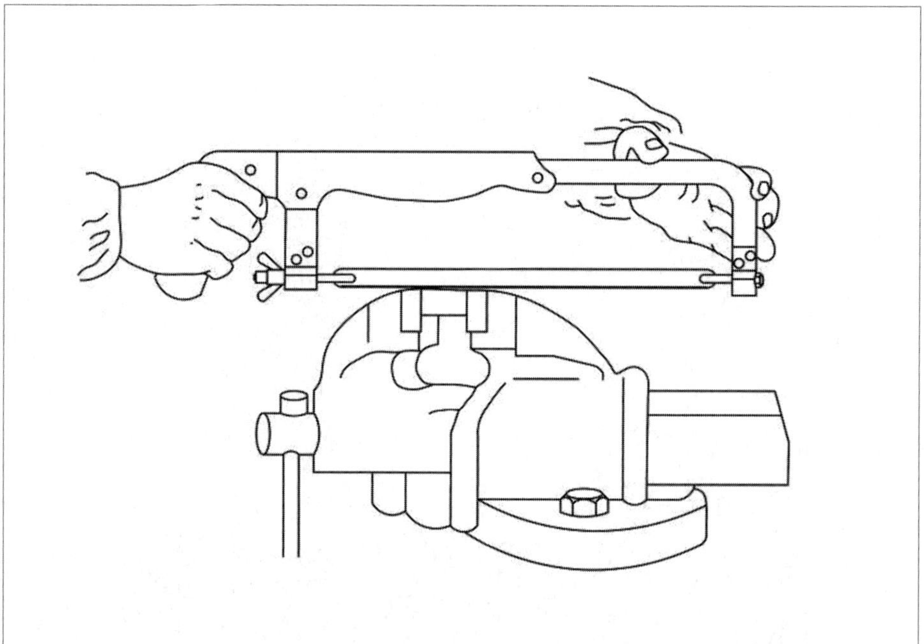

图 3-5　手锯的握法

3. 起锯

起锯时，将左手拇指放在锯的位置上，使锯条侧面贴住拇指指甲，如图 3-6 所示。

起锯角约 15°，推动手锯，此时行程要短，压力要小，速度要慢。当锯切入工件 2～3 mm 时，左手拇指离开工件，放在手锯前端，扶正手锯进入正常的切削状态。起锯的方法有 2 种：

远起锯法：在远离操作者一端起锯。

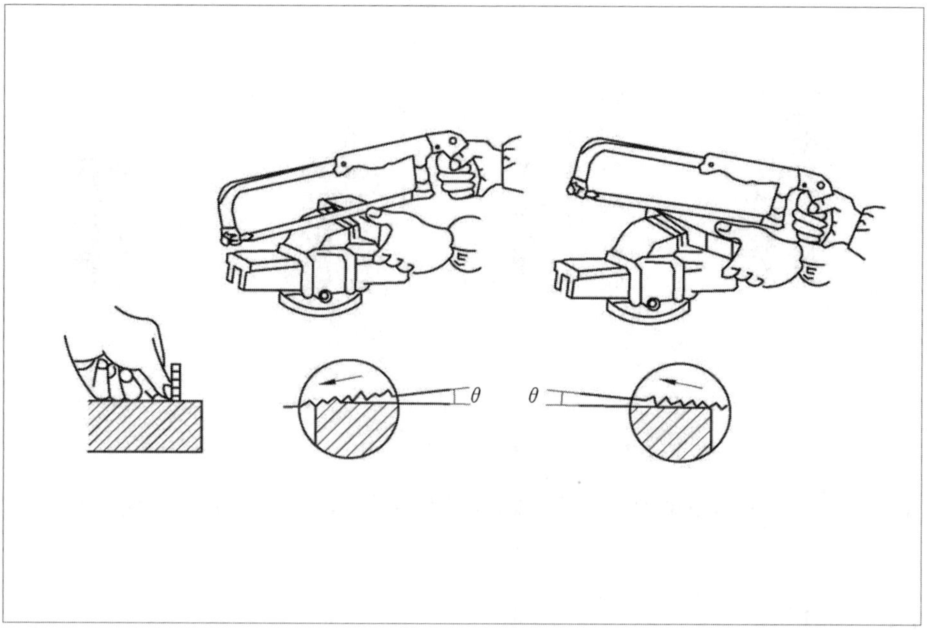

图 3-6　起锯的方法

近起锯法：在靠近操作者一端的工件上起锯。

前者起锯方便，起锯角度容易掌握，锯齿能逐步切入工件中，是常用的一种起锯方法。

4. 锯削

锯削时，向前的推力和压力大小主要由右手掌握，左手配合右手扶正锯弓，压力不要过大，否则容易引起锯条折断。推锯时，身体略向前倾，双手同时对锯弓加推力和压力，回程时不可加压力，并将锯弓稍微抬起，以减少锯齿的磨损。当工件将被锯断时，应减轻压力，放慢速度，并用左手托住锯断掉下一端，防止锯断部分落下摔坏或砸伤脚。锯削过程如图 3-7 所示。

锯削姿势有两种，直线式和摆动式。

直线式运动，适用于锯薄形工件及直槽。

摆动式运动，即手锯推进时，左手略微上翘，右手下压，回程时右手上抬，左手自然跟回，这样锯削不易疲劳，且效率高，但摆动要适度。

5. 压力、速度和行程

锯削压力应适当。锯削硬材料时，压力应大些，压力太小锯齿不易切入，可能打滑，并使锯齿磨钝。锯削软材料时，压力应小些，压力太大会使锯齿切入过深而产生咬住现象。

手锯朝前推时施加压力，往后退时不施加压力，还应略微抬起，以减少锯条磨损。锯削运动的速度一般为 20～40 次/分，锯削硬材料慢些，锯削软材料快些。同时，锯削速度应保持均匀，返回的速度应相对快些。

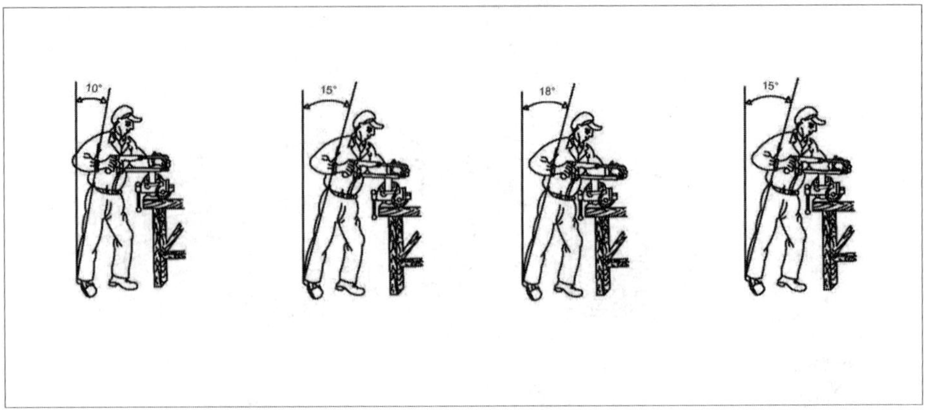

图 3-7　锯削过程

锯削时，最好使锯条的全长都能参加锯削，一般应使手锯往复行程的长度不小于锯条全长的 2/3。

四、钻孔

（一）扩孔

扩孔是将已加工出的孔（铸出、锻出或钻出的孔）进行扩大的过程，它还可以校正孔的轴线偏差，并使其获得正确的几何形状和较小的表面粗糙度，其加工精度一般为 IT9～IT10 级，表面粗糙度 $Ra=3.2\sim6.3$ mm。扩孔的加工余量一般为 0.2～4 mm。

扩孔时可用钻头扩孔，但当孔精度要求较高时，常用扩孔钻。扩孔钻的形状与钻头相似，不同的是：扩孔钻有 3～4 个切削刃，且没有横刃，其顶端是平的，螺旋槽较浅，故钻芯粗实、刚性好，不易变形，导向性好。

孔加工示意图如图 4-1 所示。

扩孔的特点：

（1）切削刃比较多（一般 3～4 个），棱边也比较多，导向性比麻花钻好，切削比较稳定。

（2）扩孔钻无横刃，切削刃较短，刚性好，背吃刀量比钻头大，故切削速度要比钻孔小。

（二）锪孔

用锪钻（或改制的钻头）将孔口表面加工成一定形状的孔和平面，称为锪孔。

1. 锪钻的种类和特点

锪钻分为柱形锪钻、锥形锪钻和端面锪钻 3 种，如图 4-2 所示。

（1）柱形锪钻：用来锪圆柱形沉头孔的锪钻；按端部结构分为带导柱、不带导柱和

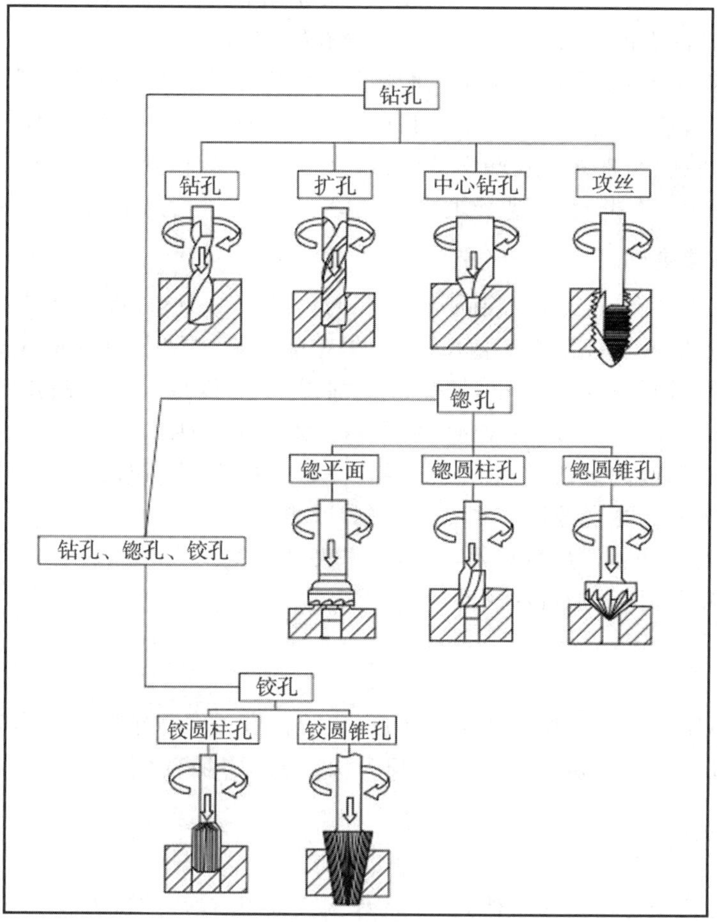

图 4-1 孔加工示意图

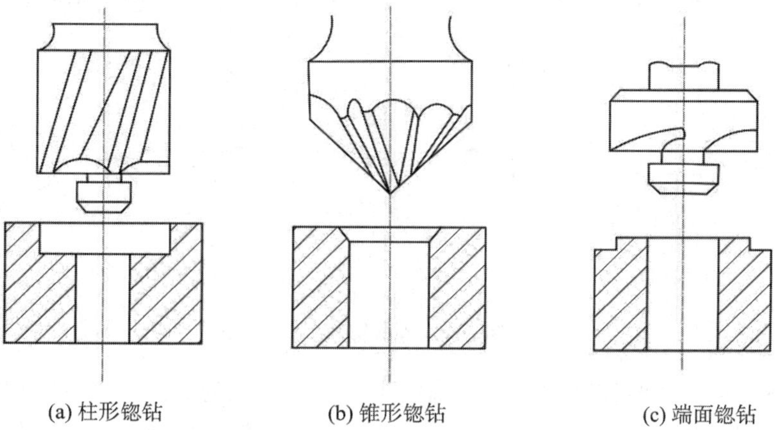

图 4-2 锪钻的种类

带可换导柱 3 种。导柱与工件原有孔配合起定心导向作用。端面刀刃为主力刃，起主要切削作用；外圆上的刀刃为副刀刃，起修光孔壁作用。

（2）锥形锪钻：用来锪锥形沉头孔的锪钻；按切削部分锥角分为 60°、75°、90°、120°这 4 种。刀齿齿数为 4～12 个，钻尖处每隔一齿将刀刃切去一块，以增大容屑空间。

（3）端面锪钻：用来锪平孔端面的锪钻；有多齿形端面锪钻和片形端面锪钻。其端面刀齿为切削刃，前端导柱用来定心和导向，以保证加工后的端面与孔中心线垂直。

2. 锪孔注意事项

锪孔方法与钻孔方法基本相同，但锪孔时刀具容易振动，特别是使用麻花钻改制的锪钻，易在所锪端面或锥面产生振痕，影响锪削质量，因此锪孔时应注意以下几点：

（1）由于锪孔的切削面积小，锪钻的切削刃多，所以进给量为钻孔的 2～3 倍，切削速度为钻孔的 1/2～1/3。精锪时，可采用钻床停车惯性来锪孔。

（2）用麻花钻改制锪钻时，后角和外缘处前角适当减小，以防扎刀。两切削刃要对称，保持切削平稳。尽量选用较短钻头改制，减少振动。

（3）锪钻的刀杆和刀片装夹要牢固，工件夹持稳定。

（4）钢件锪孔时，可加机油润滑。

（三）铰孔

用铰刀从工件孔壁上切除微量金属层，以提高孔的尺寸精度和提高表面粗糙度的方法称为铰孔。铰孔精度可达 IT9～IT7 级，表面粗糙度值达 $Ra0.8$，属于孔的精加工。

1. 铰刀

铰刀按刀体结构可分为整体式铰刀、焊接式铰刀、镶齿式铰刀和装配可调式铰刀；按外形可分为圆柱铰刀和圆锥铰刀；按加工手段可分为机用铰刀和手用铰刀。

（1）整体圆柱铰刀：主要用来铰削标准系列的孔。它由工作部分、颈部和柄部 3 个部分组成。其结构如图 4-3 所示。工作部分由切削部分和校准部分组成。

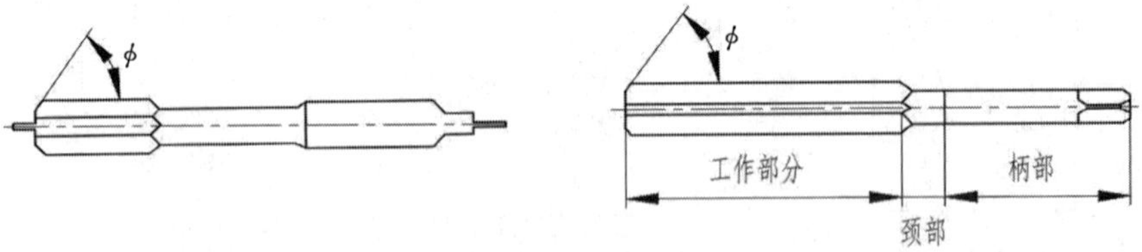

(a) 机用铰刀　　(b) 手用铰刀

图 4-3　整体圆柱铰刀

切削部分担负主要铰削工作。切削锥角主要影响孔的加工精度、孔壁的表面粗糙度、切削时轴向力的大小和铰刀的寿命，手铰刀的切削锥角 $\phi=30'\sim1°30'$。切削部分前端有 45°锥角，便于铰刀进入铰削孔中，并保护切削刃。

颈部是磨制铰刀时供砂轮退刀用的，也用来刻印商标和规格。

柄部用来装夹和传递转矩，有直柄、锥柄和直柄方榫3种。手铰刀用直柄方榫。

(2)锥铰刀：用来铰削圆锥孔。

圆锥铰刀按锥度又可分为1∶10锥度铰刀、1∶30锥度铰刀、1∶50锥度铰刀和锥度近似于1∶20的莫氏锥度铰刀。

尺寸较小的圆锥孔，铰孔前可按小端直径钻出圆柱底孔，再用锥铰刀铰削即可。尺寸和深度较大或锥度较大的圆锥孔，铰孔前的底孔应钻成阶梯孔。

2. 铰杠

手铰时，用来夹持铰刀柄部的方榫，带动铰刀旋转的工具为铰杠。常用的铰杠有普通铰杠和丁字铰杠，如图4-4所示。

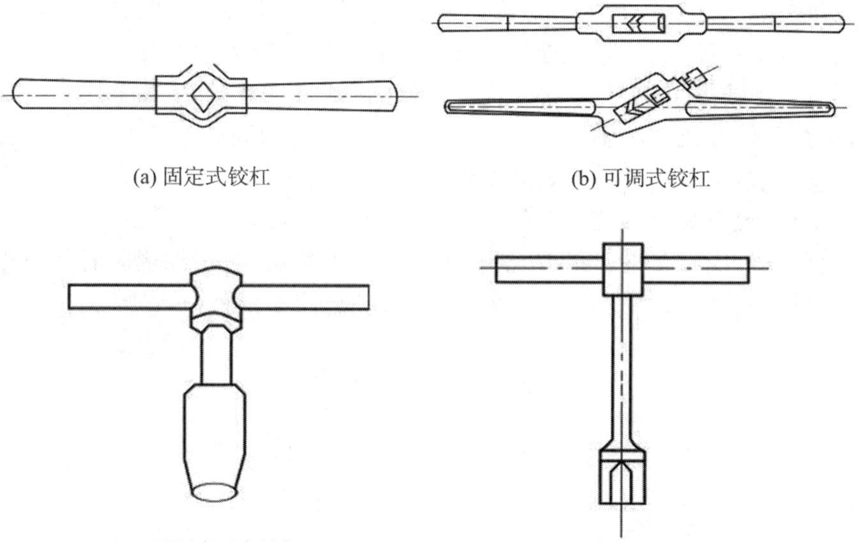

(a) 固定式铰杠　(b) 可调式铰杠　(c) 可调式丁字铰杠　(d) 固定式丁字铰杠

图4-4　铰杠

固定式铰杠的方孔尺寸与柄长有一定规格。可调式铰杠的方孔尺寸可以调节，适用范围广泛。可调式铰杠的规格用长度表示，使用时应根据铰刀尺寸大小合理选用。

3. 铰削用量及冷却润滑

铰削时要选用合适的铰刀、铰削余量、切削用量和切削液。

(1)铰削余量：上道工序(钻孔或扩孔)完成后，孔径方向留下的加工余量。一般根据孔径尺寸、孔的精度、表面粗糙度及材料的软硬和铰刀类型等选取，参考表4-1。

表4-1　铰削余量　(单位：mm)

铰孔直径	<8	8～20	21～32	33～50	51～70
铰削余量	0.1～0.2	0.15～0.25	0.2～0.3	0.3～0.5	0.5～0.8

(2)机铰的铰削速度和进给量：

铰削钢材时：切削速度 $v<8$ m/min，进给量 $f\leqslant 0.4$ mm/n。

铰削铸铁时：切削速度 $v<10$ m/min，进给量 $f\leqslant 0.8$ mm/n。

(3)铰孔时的切削液：铰孔时，应根据零件材质选用切削液进行润滑和冷却，以减少摩擦和散发热量，同时将切屑及时冲掉。

4. 铰孔操作方法及注意事项

铰孔的方法分手工铰削和机动铰削两种。

铰削时应注意：工件要夹正，夹紧力适当，防止工件变形，以免铰孔后零件变形部分的回弹，影响孔的几何精度。

手铰时，两手用力要均衡，速度要均匀，保持铰削的稳定性，避免由于铰刀的摇摆而造成孔口喇叭状和孔径扩大。随着铰刀旋转，两手轻轻加压，使铰刀均匀进给。同时变换铰刀每次停歇位置，防止连续在同一位置停歇而造成的振痕。

铰削过程中或退出铰刀时，都不允许反转，否则将拉毛孔壁，甚至使铰刀崩刃。

机铰时，要保证机床主轴、铰刀和工件孔三者中心的同轴度要求。若同轴度达不到铰孔精度要求，应采用浮动方式装夹铰刀。

机铰结束，铰刀应退出孔外后停机，否则孔壁有刀痕。

铰削盲孔时，应经常退出铰刀，清除铰刀和孔内切屑，防止因堵屑而刮伤孔壁。

铰孔过程中，按工件材料、铰孔精度要求合理选用切削液。